修己

修炼好自己，才能修改好世界

马银春 编著

中国商业出版社

图书在版编目（CIP）数据

修己 / 马银春编. —北京：中国商业出版社，2016.5
ISBN 978-7-5044-9462-7

Ⅰ.①修… Ⅱ.①马… Ⅲ.①个人－修养－通俗读物
Ⅳ.①B825-49

中国版本图书馆 CIP 数据核字（2016）第 122868 号

责任编辑：郭　强

中国商业出版社出版发行
010-63180647　www.c-cbook.com
（100053　北京广安门内报国寺1号）
新华书店总店北京发行所经销
三河市祥宏印务有限公司

＊　＊　＊　＊　＊

710×1000 毫米　16 开　14.25 印张　190 千字
2016 年 11 月第 1 版　2016 年 11 月第 1 次印刷

定价：33.00 元

＊　＊　＊　＊　＊

（如有印装质量问题可更换）

前言

在修改中让自己更完美

"修己",简单地说就是"自己修改自己"。换句话说,也就是要"自己要求自己按一定的规范去做"。如果从大的方面来讲,它是一种思想品质的体现;从小的方面来讲,它是对一个人意志力的考验。

俄罗斯伟大的小说家安德列耶夫曾说:一个人最大的胜利是战胜自己!也就是所谓的"修己"。古罗马喜剧作家普罗图斯说过:"能主宰自己灵魂的人,将永远被称为征服者的征服者。"美国诗人罗·勃朗宁也说:"一个人一旦打响了征服自我的战斗,他便是值得称道的人。"这就是名人眼中的修己。

修己是一个很严肃的词语。对于每一个还想保持放松的人来说,这个词语显得格外有难度。人们骨子里都想放纵,尤其是关于懒惰、松懈、缺点、放弃目标、推三阻四,以及改变承诺等等。

修己的本质,就是自我雕塑、自我培养、自我修炼的一个过程,只有经过这个过程的历练,才能够看到自己的成长、自己的变化。一个人要想改变自己、培养自己、提高自己,甚至于改变命运,真正的起点就是要成为一个高度修己的人。

修己

"修己"就是修做人、修做事、修说话、修性格、修性情、修品格、修修养、修学识、修风度、修气质、修形象、修心态、修文化、修定力、修处世、修习惯……修己造就了一个个杰出的人物,成就了许许多多人的梦想。修己代表一个人具有某种精神、某种品质。越是懂得修己的人,其显现的品质就越卓著,赢得成功的几率就越高。从古至今,可以说曾国藩是达到严格自律、严格修己的"第一完人"。

曾国藩律己之严,可谓天下皆知。青年时代的曾国藩曾有一段刻苦、自觉的修身过程,在长达八九年的时间里他专心专意注重修身。根据他的日记梳理了一下,发现他身上至少有八大毛病:一是偏激,一句话不对就跳起来了,这正是湖南人典型的毛病。二是浮躁,他整天躁动不安,忙于接待访客,要是无人来访,他就去访别人。三是虚伪,他一个诤友毫不客气地指出这一点,他也有雅量接受。四是自以为是,一个农家子弟能够27岁中进士点翰林,他自认强过很多同辈,甚至恨今世无王安石、黄庭坚这样的人来与他讨论诗文。五是好名,巴不得一夜之间名扬京师。六是好色,他日记中曾记载自己的一次孟浪:趁一个朋友不在家,去偷看人家漂亮的小老婆。七是吸大烟,他也觉得不好,可是第一天把烟枪砸碎,把烟袋剪烂,第二天便魂不守舍,第三天又买回新的烟枪。八是没有恒心,他告诫自己不要睡懒觉,可就是改不了。

曾国藩就是这样一个缺点满身的人,由此可见,他修身异常的艰难,需要多么大的恒心去修剪他身上的毛病。人最大的敌人是自己。修身必然天天检讨,需时时反省,曾国藩修身的过程也是格外痛苦、漫长。

曾国藩的修身也是在反反复复中进行的。他在老师的指导下,主修五门功课来提升修养:一是诚,不欺人也不自欺;二是敬,即以恭敬的态度待人;三是静,即身心安宁;四是谨,即说话谨慎;五是恒,这个恒有两层意思,一是持之以恒,二是生活有规律,起居有度,饮食有节。他每天以日记来反思自己的所作所为、所思所想。他还以"慎独"这样的高标准

前　言

来要求自己。他依凭着一种与自己的毛病展开斗争、不留后路的气度来改造自己。他说过一句很有名的话："不为圣贤，即为禽兽。"他对自己的改造可谓是灵魂深处的一场革命。

曾国藩也正因为他的严格修改自己，才获得了他日后的事业大成就，也获得了现代人对他褒赏——"历史上的第一完人。"

由此可见，一个人成就大事，归根结蒂就是修好身罢了！古语云："修身齐家治国平天下。"一个人只有懂得如何做好修身的功课，才可以齐家，可以治国，可以平天下。这样的人，何患无人识？何患无成就？何患无幸福？

总之，修改好自己，才能修改好世界。只要每个人都能做到改变自己，我们的世界自然会变得更加的美好。本书汇集了修身养性的智慧和精髓，能够在悄无声息之中，指导着我们的一言一行、一思一想。渐渐地我们会被日益接近的美好境界所感染，能够一天天、一点点地消除自己身上的"小人"之气，而让自己多一些君子的厚重与威气，让自己在人生的道路上，走得更远、更稳、更有力……

目录

1. 认识自己才能修改自己 …………………………… 1
2. 修改自己，就要征服自己 ………………………… 5
3. 改变自己，改变命运 ……………………………… 7
4. 修身先要修德，做人之根 ………………………… 10
5. 修身要学礼，不学礼无以立 ……………………… 13
6. 立身修心，要以孝为先 …………………………… 17
7. 做好人生"三戒" …………………………………… 22
8. 修炼完美性格 ……………………………………… 26
9. 养成良好的习惯 …………………………………… 29
10. 进入婚姻，要消掉你的个性 ……………………… 33
11. 做人需谨言慎行 …………………………………… 35
12. 时时警戒自己，要学会制怒 ……………………… 39
13. 要有一个好人缘 …………………………………… 43
14. 朋友之交要淡如水 ………………………………… 46

15. 自省——认识自己，正视自己 …… 48
16. 不要盯着别人的缺点不放 …… 52
17. 崇尚节俭，滋养品德 …… 55
18. 学会感受生活的幸福 …… 57
19. 谦虚做人、低调处世 …… 60
20. 自律——在约束中让自己更完美 …… 64
21. 培养包容的大胸怀 …… 68
22. 培养平静安然的生活态度 …… 71
23. 培养礼让的大家风范 …… 73
24. 不以福喜，不以祸悲 …… 75
25. 乐于接受他人的批评 …… 78
26. 要培养中庸的生活智慧 …… 80
27. 要把好义与利这道关 …… 83
28. 修炼自己的忍功 …… 86
29. 开卷有益，多读些书 …… 89
30. 忠信笃敬，走遍天下 …… 93
31. 做人做事，要讲个"度" …… 96
32. 修心，把心放大 …… 99
33. 培养吃亏的素养 …… 102
34. 宽容——不可或缺的生活态度 …… 104
35. 牢骚满腹要不得 …… 106
36. 修炼快乐工作的好心态 …… 109
37. 在婚姻中要修炼包容心和忍耐性 …… 113
38. 要灵活会变通，远离耿直 …… 116
39. 培养好心态，拯救自己 …… 119

40. 管理好自己的情绪 …………………………………… 121
41. 把握换位思考的处世原则 …………………………… 126
42. 培养"和"的境界 …………………………………… 129
43. 培养仁爱的精神 ……………………………………… 132
44. 存有一颗感恩之心 …………………………………… 134
45. 读懂得失 ……………………………………………… 137
46. 懂得知足 ……………………………………………… 140
47. 增强挫折容忍力 ……………………………………… 143
48. 沉得住气，低得下头 ………………………………… 146
49. 对生活不必苛求 ……………………………………… 149
50. 培养你的定力 ………………………………………… 151
51. 乐于忘记 ……………………………………………… 154
52. 要学会适应生活 ……………………………………… 157
53. 树立正确的财富观 …………………………………… 161
54. 要注重自己的形象 …………………………………… 166
55. 口才是人生的一堂必修课 …………………………… 170
56. 修己之道，又以体育为本 …………………………… 173
57. 吃苦——人生不可或缺的历练 ……………………… 176
58. 人脉是一种能量，要学会交际 ……………………… 179
59. 做人要自强自立 ……………………………………… 183
60. 要懂得养生 …………………………………………… 186
61. 游走社会，人情世故要处理好 ……………………… 189
62. 读懂爱情、婚姻与生活的关系 ……………………… 191
63. 摆正金钱、生活与幸福的关系 ……………………… 196
64. 要注重别人的面子 …………………………………… 198

65. 修炼一技之长，好生存 …………………………………… 202
66. 成败面前要淡定 …………………………………………… 207
67. 人生无常，放下争斗 ……………………………………… 211
68. 幸福来自节制和自律 ……………………………………… 214

1. 认识自己才能修改自己

认识别人难，认识自己更难。一个人能不能修改自己，关键要看能不能正确认识自己。

要认识自己是一件残酷的事情。

因为你会发现自己长得很丑，没有过人的才能，不会伶牙俐齿，动作笨拙，一无是处。

你也会觉得自己长得很漂亮，无所不能，傲视群雄，敏捷矫健，完美无缺。

然而，这一切都是自我感觉。

在社会现实面前，完全不是这么回事。

下面我们来看一位大学生求职之后的自我认识与感受：

"大学毕业，找个好工作，对任何人都是件大事，我也不例外。念了十多年书，早就盼望着找到一个施展自己才能的舞台。

我学的是空调专业，可大学期间我对自己的专业一直没有什么兴趣。五年来，我一直从事着各种不同的业余工作和兼职工作，从工人、服务员、推销员、秘书到夜总会舞台监督、心理咨询员……我觉得自己英语还不错，电脑操作也比较熟练，又有若干兼职工作经验，相貌

气质也不太差，于是，我抱着极大的希望，满怀信心地参加了人才招聘会。

由于自认为条件不错，我更钟情外企，于是在场内上千国内公司中，只挑拣着递出了几份简历，便直奔专门是外企招聘的展馆。

这里有不少世界闻名的大公司，广告也几乎全用英文书写，我心想：幸亏我的英语还不错。我一家家展台走过去，看着应聘条件，越看越心凉，因为无论技术人员还是管理人员，最少需要二至三年工作经验。随着一路走，我一边看着别人怎么求职。几乎每个展台前，人们都在用英语交流，其流利程度，我掂量掂量自己，恐怕差得不是一点半点。原来的张狂已经被我统统收了起来，心也变得越来越虚。

正当我心灰意冷又不肯服输时，一位小姐把一张宣传材料递到我眼前，上面介绍的是美国B公司。B公司从事的是策略咨询顾问业务，分布遍及世界各地，我不禁又跃跃欲试了。我拿出自己的英文简历，忐忑不安地等待面试。几分钟后，一位面带微笑的男士坐在我的对面。他用英语问我为什么想来B公司，不知是心情紧张，还是对英语有些生疏，我开始没有完全听懂，只好硬着头皮请他重说一遍。他又让我举出一个认为做得最成功的商业案例。天哪，我什么时候做过生意！他又让我谈谈工作中获益最大的事情，没等我说几句，他就很客气地打断了我的话："谢谢，如果聘用你，我们会在两周内与你联系。"

出了展馆，我的心情很复杂，也很伤心，这个结果对一向很自信的我绝对是一个很沉重的打击，同时也不禁对自己产生了怀疑：曾为之自豪的工作经历和英语水平都没有想像中的分量，那么，我的优势究竟在哪儿呢？我不禁对自己的能力和自信产生了怀疑。

这位大学生终于在现实面前真正认识了自己，这就说明认识自己不仅仅是自我感觉，而是要从多方面来实现的。

社会学给我们指出了认识自己的三个途径：

1. 认识自己才能修改自己

一是在和别人的比较中认识自我。《邹忌讽齐王纳谏》里,邹忌不断地拿自己与徐公比较,从不同人的回答中正确地认识了自己,并且悟出了其中的道理,突破了蒙蔽,超越了自我。通过和他人比较,我们才能认识到自己的长处与短处。如上例中的大学生在和别人的比较中才发现自己的英语水平和别人差得不是一点半点,才突破了原来自我感觉良好的蒙蔽。

二是从别人的评价中认识自己。人常说当局者迷,旁观者清。自己的言行相貌,自己难以判断其正误,别人是一面镜子,照得很清楚,别人的评价是综合了更多的比较得出来的,因而在一般情况下是比较真实的,听听别人的评价会有助于认识你自己。

三是从自己的实践中认识自己。在自己的生活中做了哪些事情?长于什么?拙于什么?成功了多少?失败了多少?通过回顾自己走过的人生之路就能正确地认识自己。这是认识自己的最主要的方法和途径。

正确地认识自己,就要面对现实的自己,勇敢地接受自己,承认自己。不能因为自己有那么多的缺陷与不足而自卑、自轻、自贱。也不能因自己有许多的优点而自傲、自满而沾沾自喜。

客观地认识自己,才能管改变自己,朝着成功人生迈进。

有些人不愿意承认自己的不足,没有勇气接受自己的缺陷,极力掩饰,或者刻意伪装,这样就会形成病态人格,无法改变自己。

一位知识分子看到商海容易发财,毫不考虑就辞去了工作,下海经商,不料两年下来,血本无归,自己也无处安身。

有一个学生,一心想创作,整天只是写呀写,一篇篇小说寄出去,如泥牛入海。结果学业没有学好,创作也没有成功的迹象。

这些都是不能正确认识自己的结果。

当年,傅雷先生的儿子也一心想成为文学家,傅雷及时指出儿子的长处不在创作,而在于研究。儿子听取了父亲的劝告,认识了自己,

选择了适合于自己发展的人生道路,最后在研究方面取得了一定的成绩。

认识自己,就是要认识自己的长处与不足,接受自己并不完美的地方,从实际出发,从自己现有的条件出发发展自己,才能实现符合自己的人生梦想。

2. 修改自己，就要征服自己

人性中有很多弱点，如贪图享受、容易满足、回避困难、自轻自贱、盲目乐观、懒散傲慢等等。一个人要改变自己、修改自己，就必须战胜自己的这些弱点。

陀思妥耶夫斯基说："倘若你想征服全世界，你就得征服自己。"

但是自己是最难征服的。

罗曼·罗兰塑造的约翰·克利斯朵夫的形象为我们展示了一个人要战胜自己是一个艰难而痛苦的历程。

约翰·克利斯朵夫出生在一个贫民家庭，他要靠自己的奋斗获得人生成功，就得与社会斗、与自己斗。

藏在约翰·克利斯朵夫内心的敌人有两个：一是宗教意识，一是本能、欲望。前一个要他认命，后一个要他堕落。约翰·克利斯朵夫靠着顽强的意志与自己战斗，他决不认命，不甘于堕落，在那个污泥浊水的世界里始终保持纯洁的品性，战胜了自己身上人性的弱点，实现了自己的历史使命，在他临终时心灵达到高度和谐的境界：没有痛苦、没有恩怨，只有真正的快乐。

在物欲横流的社会里，很多人成了权力、金钱、美女的俘虏，一生的努力毁于一旦，全是因为无法战胜自己内心的敌人——人性的弱点。

要战胜人性的弱点首先必须树立成功人生的信念，这个信念必须坚定不移。很多人都想获得人生成功，但是又缺乏自信，因而这个信念并不坚定，稍遇风吹浪打，便自己动摇放弃了。只有坚定成功人生的信念才能与自己人性的弱点作斗争。

其次，是把社会的需要和自己的长处结合起来发展自己，战胜自己。

很多人最后被自己打败是因为自己怀才不遇，自暴自弃。

还有很多人失败是完全放弃了自己的特长兴趣而跟着社会跑，最后完全丧失了自己。只有把社会与个性特点结合起来发展，才能在顺境中克服自己人性的弱点。

再次，要有顽强的意志。与自己斗争就是意志力的考验。

人生并不总是顺境。对多数人，逆境会使他们自甘沉沦，只有少数具有顽强意志的人能够战胜自己的弱点，顶天立地，像腊梅一样在冰天雪地里傲然开放人生灿烂之花。

邓小平同志的一生是成功人生的楷模，他之所以成功就在于他有超常的意志。他在中国革命进程中三起三落，不畏艰辛，顶住压力，最终实现了人生目标。所以，有顽强的意志就能战胜自己，战胜自己才能战胜一切。

人性的弱点尽管很多，很强大，难于战胜，就像一张张蛛网束缚着我们走向成功，使人不知不觉陷入自己的败局，但只要我们能清醒地认识到这一点，不再怨天尤人，不再把自己的失败归于社会、归于家庭、归于他人，自我反省，从现在开始，重新做人，克服自身的弱点，那么，就完全可以开始成功人生。

记住，走向成功的最大敌人是你自己。要取得人生成功，首先要战胜自己！

3. 改变自己，改变命运

面对生活中所发生的一切事情，我们有太多的无奈。现实是无法改变的，那我们就要学会改变自己。

初春的一天早上，一个只有1.5米的矮个子青年从东京某公园的长凳上爬了起来，他用自来水洗了洗脸，然后从这个"家"徒步去上班。他因为拖欠了房租已经被迫在公园的长凳上睡了两个多月了。他是一家保险公司的推销员，虽然每天都在勤奋地工作，但收入仍少得可怜，为了省钱，他甚至不吃中餐、不搭电车。一天，年轻人来到一家寺庙，拜见住持。寒暄之后，他便滔滔不绝地向老和尚介绍起投保的好处来。

这位老和尚很有耐心地听他把话讲完，然后平静地说："听完你的介绍之后，丝毫引不起我投保的意愿。"年轻人愣住了。

老和尚接着又说："人与人之间，像这样相对而坐的时候，一定要具备一种强烈吸引对方的魅力，如果你做不到这一点，将来就没什么前途可言了。"这位年轻人听后哑口无言。老和尚最后说了一句："小伙子，先努力改造自己吧！"从寺庙里出来，年轻人一路思索着老和尚的话，若有所悟。

接下来，他就组织了一个"批评会"，每月举行一次，专门针对自己。每次请五个同事或投保客户吃饭，为此，他甚至不惜把衣物送去典当，目

的只为让他们指出自己的缺点。

你的个性太急躁了,常常沉不住气……你有些自以为是,往往听不进别人的意见……你的常识不够丰富,所以必须加强进修……年轻人把这些可贵的逆耳忠言一一记录下来,随时反省、勉励自己,努力扬长避短、发挥自己的潜能。

每一次"批评会"后,他都有被剥了一层皮的感觉。透过一次次的批评会,他把自己身上那一层又一层的劣根性一点点剥落了下来。随着劣根性的消除,他感觉到了自己在逐渐进步、完善、成长、日趋成熟。

9年后,他的销售业绩荣登全日本之最,并且连续15年保持全日本销售第一的好成绩。38年后,他成为了美国百万圆桌会议的终身会员。

这个青年就是"世界上最伟大的推销员"原一平,他用实际行动印证了"人类可以经过改变自己而收获全新的我"这句话。

原一平通过改变自己,改变了自己的命运。人生就是这样,当你不能改变周围的环境时,就要努力地改变自己,让自己进步,来适应这个环境,融入这个世界。只有这样,才能克服更多的困难,战胜更多的挫折,实现自我。

人生是一个过程,在这个过程中,每个人都想有一个好的结局,而社会生活又不是以个人的意志为转移的,这样,人生就会出现矛盾,就会出现料想不到的挫折,面对这种情况,怎样才能让人生顺利地度过?只有一个办法:那就是不断调整自己,改变自己,顺应生活,适应生活。有些人悟出了这个理,有些人至死都不明白,于是就出现了种种不同的人生命运。

人的命运是自己决定的,你要想快乐度过人生,你只需要学会对生活微笑,永远乐观地看问题,你就会有一个快乐的命运。只要你持乐观的态度,你就会为自己创造命运,你就会改变命运。抱怨命运不好,抱怨自己生不逢时,抱怨自己的父母不是达官贵人,不是百万富翁……这都不是正

3. 改变自己，改变命运

确的态度。只要你勇于突破现状，积极努力，改变自己，你就会改变命运，创造辉煌的前程。

社会生活是客观发展的，任何个人都不可能改变社会生活，只能适应社会的发展变化，你也无法改变别人，你惟一能够做到的就是改变自己。因为你是你自己的主人，你想怎么改变就可以怎么改变。你想成为百万富翁，你只要改变你的现状，想方设法为此而奋斗，你就可能成为百万富翁。

俗话说，人挪活，树挪死。挪动就是改变。改变自己，首先是观念上的改变。人本身就是自己观念的产物，有什么样的观念就会有什么样的命运。只要在自己头脑里树立起一种新的成功观念，那么你就可能走向成功。其次，改变自己要付诸行动。行动才能造就成功，人的命运就是行动的结果。观念只有付诸行动，才能最终成为现实。

改变自己是一件痛苦的事情，告别过去，不是挥挥手就可以实现的，因为习惯成自然，要改变习惯需要有顽强的意志和毅力，同时需要有科学的方法和走向成功的决心。其实，人生的真正意义就在于不断改变自己、不断提升自己的过程之中。当你发现自己过去的不良习惯已经改变了，你就会感到一种成功的喜悦。

人生常常会遇到"山重水复疑无路，柳暗花明又一村"的惊喜，这种惊喜，正是改变自己的结果。改变自己就能看到"又一村"，不改变自己就永远到达不了"又一村"。

怎样改变自己，每个人都会有不同的机遇和不同的方法。只要我们用心揣摩，为己所用，就能够帮助我们渡过人生难关，获得美满的人生结局。

4. 修身先要修德，做人之根

中国素有重视德行的传统。《易经》中的《象传》说："地势坤，君子以厚德载物。"土地之德厚广，可以承载万物，君子取法地，要积累道德，方能承担事业。儒家经典《周礼》中有"敏德以为行本"之说。《诗经》里也有"高山仰止，景行行止"的诗句。比喻对道德高尚、光明正大者的敬仰、仿效。厚德是人的品格修养不可缺少的组成部分，有之则成功有望，无之则大业难成。

三国时蜀国在诸葛亮死后，由蒋琬主持朝政。蒋琬力守诸葛亮旧制，使蜀国安全如故。

蒋琬属下有个官吏杨戏，此人性情孤僻，沉默寡言。一天，蒋琬来了，众僚属纷纷站起肃立，只有杨戏和平时一样，伏在案上看材料。蒋琬见他工作认真，便上前说话，但杨戏对蒋琬的话不置可否，很少回答。

有些人对杨戏这种目无长上的作风看不惯，蒋琬却不以为然，说："每个人都有自己的个性，杨戏没有回答我的问题，总比说违心的话好。杨戏不回答我的问题，是有他的为难之处，若表示赞同我的话，他心里却不同意，若公开表示不赞同，又顾及我的尊严，因此，只好沉默不语。这倒是他爽快的地方，我不能责怪他。"

督农官杨敏，喜欢背后议论人。有一天，与同僚议论起蒋琬来，其他

4. 修身先要修德，做人之根

人一味说蒋琬好，有的甚至把蒋琬与诸葛亮等量齐观，杨敏不服气，他说："新相有德有才，但哪能与前相相比？我看新相做事有些糊涂，实在不及已故的诸葛丞相。"

有人把这话告诉蒋琬，并建议治杨敏之罪。蒋琬说："我确实不如诸葛丞相，杨敏没有错。"后来，杨敏因别的事被捕入狱。人们纷纷议论："杨敏得罪丞相，现在又犯了罪，看来是活不成了。"然而蒋琬在处理杨敏一案时毫无偏颇，秉公而断，使他免于死罪。

蒋琬由于自己的器量宽宏，因而受到蜀国人民的称赞，他所推行的政策也得到人们的拥护，既成就了国家，也成就了自我。蒋琬的确是一个有德之人，能容常人所不能容之事，又能做常人所不能做之事。其实，这也能看出他不仅是有德之人，也是有道之人，你看他在小的地方忍一忍，让一让，就能赢得朝野极大的赞誉，为他的政令在更大的范围内畅通无阻打下基础，岂不是智慧之举吗？

《礼记·大学》中说："自天子以至庶人，皆以修身为本。"古人认为，人都是有向善能力的，能不能真正成为一个"有德"的人，关键就在于能否进行道德修养；而"修身"乃是"治国"、"齐家"、"平天下"的基础。因此，古人把"德量涵养，躬行践履"本身视为一种重要的美德。如果说，在古人看来人们的一切德行都是同他自身的道德修养分不开的，那么，我们也可以说，中华民族的一切传统美德，也是同古人注重"德重涵养，躬行践履"的美德紧密相连的。

有德之人在奉行德义之时是出于良心和义务的需要，是他们的思想和人格修炼到一定境界的自然产物，而不是工于心计，刻意为之。但我们也不得不承认，若从经济和商业的立场来看，讲道德也是一种很有长远眼光的投资，能使你得到更大的回报。

孔子说："其身正，不令而行。"古今中外，以大德赢得人心而成众星拱月之势、成其伟业的领导者，无不为人称颂。有些领导者过于相信权力

地位，认为凭借职权就可以使属下归服，其实这只能是服权，而不是服人，产生的力量也极其脆弱。

一个德高望重的领导者，即使他失去权力，仍会有众多的追随者，而一个品质不端的领导者，即使在他大权在握炙手可热之际，正直的人们也会嗤之以鼻，至多是敬而远之。领导者具有优良的品德、人格和作风，最容易使下级产生敬重感，吸引他们，使之心服。

中国有句老话："服人者，以德服为上，才服为中，力服为下。"把才服放在德服之下，虽然不一定完全合适，但它的精神却是正确的。以才智和能力树立起的威信，常常是不巩固的，一旦下级的才能超过自己，或者自己在工作中出现重大失误时，这种威信就会动摇，甚至消失，而以自己的高尚品德和人格树立起来的威信，则会经久不衰，永存于下级心中。

由此可见，儒家人生哲学的重心在于道德品行的养成。所以，无论做人做事都要以道德作为基础。只有品德高尚的人才能获得真正的成功。正如西莱·福格所说，决定一个人价值和前途的不是聪敏的头脑和过人的才华，而是正直的品德。品德就是力量，它比"知识就是力量"更为准确。

5. 修身要学礼，不学礼无以立

季羡林在《谈礼貌》一文中这样写道："如果一个人孤身住在深山老林中，你愿意怎样都行。可我们是处在社会中，这就要讲究点人际关系。人必自爱而后人爱之。没有礼貌是目中无人的一种表现，是自私自利的一种表现，如果这样的人多了，必然产生与社会不协调的后果。千万不要认为这是个人小事而掉以轻心。"

王国维有一篇著名的文章叫《殷周制度论》，他在其中论述了从商朝到周朝制度上面的巨大变革，而这变革正是周朝建立了"礼乐制度"，包括祭祀、典礼、君臣之分等。他说周天子不是一个国家统帅，而是一个国家的道德标准，正是他自上而下建立的一整套完备的礼乐制度，才让周朝得以绵延八百年。

而清朝出现的著名儿童启蒙读物《弟子规》，采用的便是《论语》"学而篇"第六条的文义，列述弟子在家、出外、待人、接物与学习上应该恪守的礼仪规范，以此作为儿童启蒙读物，可见"礼"的重要性。

"君子有情，止乎于礼。不止于礼，止乎于心。"意思是说，君子有了情感，还要有行动上的礼貌；礼貌不够的话，就要用心去表达这份礼貌。

宋代学者杨时和游酢结伴到嵩阳书院拜见程颐，正遇上老先生闭目养神，躺着休息。其实，程颐并没有睡着，他明知门外来了两位客人，却依

然不言不动,不予理睬。杨、游二人怕打扰先生休息,只好恭恭敬敬,肃然待立,一声不吭地等候他醒来。当时,外面正下着大雪,二人站在门口也不进屋,等了好半天,程颐才出声让二人进来。此时,两个人身上落满了雪。这就是"程门立雪"这一典故的由来。

"程门立雪"说的是尊师重道,这正是一种"礼"的体现。孔子是中国历史上第一位礼仪专家,他认为礼仪是一个人"修身养性齐家治国平天下"的基础。他曾说过:"不知礼,无以立也。"孔子一生曾多次向老子问礼。第一次是在孔子十七岁时,即鲁昭公七年(公元前535年),地点是在鲁国的巷党。《水经注渭水注》有记载:"孔子年十七问礼于老子。"而《礼记曾子问》也曾四次记载孔子向老子求学问礼,其中一次老子说:"你所说的礼,倡导它的人和骨头都已经腐烂了,只有他的言论还在。况且君子时运来了,就驾着车出去做官;生不逢时,就像蓬草一样随风飘转。我听说,善于经商的人会把货物隐藏起来,就好像什么东西也没有一样;具有高尚品德的君子,其容貌谦虚得像个愚钝的人。抛弃你的骄气和过多的欲望,抛弃你做作的情态、神色和过大的志向,这些对于你自身都是没有好处的。我能告诉你的,也就这些了。"

孔子对老子有很高的评价,他说:"鸟,我知道它能飞;鱼,我知道它能游;兽,我知道它能走。飞的我可以射,走的我可以网,游的我可以钓。但是龙,我不知该怎么办啊!学识渊深莫测,志趣高妙难知;如蛇般屈伸,如龙般变化,老子就是如此啊!"

礼是人的一种本质规定,古人言:"凡人之所以为人者,礼义也。"人若无礼,就和禽兽没有区别。"鹦鹉能言,不离飞鸟;猩猩能言,不离禽兽。今人而无礼,虽能言,不亦禽兽之心乎。"因而,一个人的礼仪修养,可以从一个侧面表现出他的人格。孔子所推崇的理想人格,就是仁和礼的和谐统一。他主张,人人都要实践礼,以便借礼的潜移默化,把外在的"礼"内化为内在的"仁"的道德观念和品质,同时又使内在道德理性日

5. 修身要学礼，不学礼无以立

渐外化为循礼行为，实现仁与礼的有机统一，最后成就理想人格。

假若仁和礼分离，那么一个人即使具有一种内在"仁"的修养，但由于失去了"礼"的调节和规范，也会走向反面，甚至出现不文明的行为。孔子说："恭而无礼则恚，慎而无礼则葸，勇而无礼则乱，直而无礼则绞。"意即：一味恭敬而不懂礼法就会烦劳、忧愁，过于谨慎而不懂礼法就会显得胆小怕事；只知道勇敢而不懂得礼法就会鲁莽惹祸，心直口快不懂得礼法就会尖刻伤人。（《论语·泰伯》）

儒家的所谓礼，向来不单指礼貌，一般而言，礼貌必在其中，这是可以断言的。"从周旋中规，折旋中矩。"言语行动，声容笑貌，都要注意。文质彬彬，谓之君子，彬彬有礼，谓之君子，礼多人不怪。这是对人的说法，礼多足以表示你是位君子！

礼仪廉耻是人们要遵守的道德标准，而其中对于一个人"礼"的要求又居于首位。"礼"，说白了就是一种规规矩矩的态度。现代社会中，我们也依然将"文明礼貌、讲究礼仪"作为对公民的基本要求。"礼"对于一个社会来说，可以使得社会变得有序而和谐；对于一个人来说，"礼"最大的作用就是可以使我们把事情办得更顺利。对他人能做到彬彬有礼，到什么场合说什么话，这反映的是一个人的基本素质和道德水平。试想，如果你大大咧咧、不拘小节甚至态度粗鲁，有谁愿意重用你，愿意和你打交道呢？

可以这样说，"礼"是个人修养中必须具备的品德。它的作用不可估量，礼仪作为一个社会、一个民族的道德规范的外化，它的作用是多方面的：

首先，礼仪的一个特别明显，能被人们看见、感觉得到的作用，便是它的对人的个体行为的规范，这个作用使人们在社会生活中能够使自己体面地与人交往，同时也能够让交往对象感受到自己的体面。此外，礼仪对于人的行为规范还表现在道德的层面，比如义与利的关系等。

其次，礼仪也对社会个体的人具有重要的教育作用。它能使人们在共同遵守彼此认可的礼仪的过程中，由一种外在的遵循转化为内在的自觉，这种转化本身就是一个教育的过程。

再次，它可以使社会和家庭更具凝聚力，使社会和家庭的氛围更加和谐，人与人之间的交往更趋理性和"双赢"，从而促进整个社会的和谐发展。

此外，礼也是尊敬的一种延伸，通过方方面面的行为语言来表达对对方的尊敬。我们可以把礼理解成日常生活的礼貌，但礼绝对不是仅仅只有这一层意思。礼不只是外在的规范，它还体现着一种悠久的文化精神，是一种做人的品质，任何人都能通过它达到对人尊敬、为人着想的境界，这也正是儒家强调礼的意义所在。

中国自古以来就是"礼仪之邦"，这个"礼"字万万不能丢。有些人认为这些"繁文缛节"早就过时了，其实不然，"待人以礼"永远不会过时，而且在任何时代都有其独特的意义。从某种意义上讲，礼仪比智慧和学识更重要。诗经说："谦谦君子，赐我百朋。"礼多人不怪，是为人做事之常情。总之，一个人要想在事业上有所建树，就应该学"礼"，懂"礼"。因为"礼"是人际交往的基础。

6. 立身修心，要以孝为先

"孝"道是我们现在常常说的孔孟之道的起始点。孔子强调"君君，臣臣，父父，子子"，国家要有明君才有贤臣，有了慈父才有孝子。家族关系的伦理纲常是双方面的，只有父慈子孝、夫唱妇随、兄友弟爱才能组成一个完美幸福的家庭。如果没有孝悌，家庭就会没有规矩。没有孝悌，就没有了上下尊卑，人类也就没有了道德，那也就与低级动物没什么区别了。人在生物学中被称为动物，那也是高级动物。人是理智的，是有良知的，有慈爱的，绝不像别的一些动物一样带大了自己的幼子，幼子长大就会离开自己的母亲，从此，互不相顾了。作为儿子来说，一定要记得父母的养育之恩，这样怎么能够不孝呢？作为兄长，从小一起长大，朝夕相处，这样又怎么能够不"悌"呢？孔子从伦理纲常出发，劝人们先孝顺父母、友爱兄弟，然后再扩大到为国家、为整个人类而奉献。历史上说"忠臣必出孝子之门"，如果首先不孝顺自己的父母，就很难做到爱国了。如果人人尽孝，天下必然大治，国泰民安。

关于"孝"，在历史的传统建制中，有一种"个人——家族——国家"层层上推的结构。"孝"与"忠"紧密联系，"父"对"子"的血缘关系被推衍到"君"对"臣"的政治关系，因此"父"对"子"的伦理合理性被作为"君"对"臣"的政治合法性的基础。

修己

曾参,字子舆,春秋时期鲁国人,孔子的得意弟子,世称"曾子",以孝著称。

曾晳是曾参的父亲。在曾参七八岁的时候,他看见父亲正在地里锄草,于是他也拿把锄头跟在后面学,把瓜秧都锄断了,草却都留着。曾晳一看,生气了。这瓜秧可是从吴国拿回来的种子,珍贵得很,可曾参却弄断了瓜秧,于是父亲就训了他几句。哪知曾参却回上嘴了,说什么瓜秧断了接起来照样开花结果。曾晳看他顶嘴,就拿起锄把照着他一顿好打。可是,由于父亲下手过重,没几下就把曾参打晕了。

父亲一看儿子被打晕了,后悔莫及,扑上去就使劲摇晃曾参,这才使曾参慢慢醒了过来。曾晳以为,这次曾参肯定会又哭又闹起来了,因为这样才像一个正常撒娇的小孩子。但是没有想到的是,这个七八岁的孩子竟露出了灿烂的笑容,直笑得父亲全身发毛:坏了,坏了,该不是刚才下手重,将他脑子打坏了吧?

然而,曾参却微笑着温柔地对父亲说:"以前我犯了错误,父亲大人您打得我好痛。但今天,我本该重重地挨板子,可是父亲您却下手如此无力,莫不是年纪大了身体不好了吧?这样吧,您再打几下,我心才安啊。"

一听孩子这样说,曾晳想:这孩子的脑子可能真的给打坏了,刚才明明把他打昏在地,他还说打得不重。曾参为了给父亲证明自己并未被打坏,还特意走进卧室,弹起琴来,以证明他安然无恙。

等长大以后,曾参对父母更是加倍地孝顺,成为了一位尽人皆知的孝子。

有一天,家里来了客人,母亲不知所措,就用牙咬自己的手指。这时,在外面砍柴的曾参忽然觉得心疼,心想一定是母亲在呼唤自己,便背起柴薪迅速地返回了家中,跪问缘故。母亲说:"有客人忽然到来,我咬手指盼你回来。"于是曾参接见了客人,并以礼相待。

后来,曾参随从孔子到了楚国,但他再一次感觉到了心里的疼痛。于

6. 立身修心，要以孝为先

是，他急忙辞别孔子回到家中探望母亲，母亲一见到儿子就说："我太想念你了，你又远在千里，愁于无奈，再次咬了自己的手指。我儿果然回来了，我十分欣慰。"

曾参是孝的楷模。他不仅著有《孝经》，规范世人的言行，而且还身体力行，并提出了"慎终"、"追远"的主张。据《论语·学而》载，曾子曰："慎终追远，民德归厚矣。"意思就是，要慎重地对待父母的死亡，对于老人的丧事，只要心诚且符合礼仪就行了，不必追求排场。关键在于，你是否在父母在世时进行了"厚养"，厚养胜于厚葬。因此，曾参在其父死后并未大操大办，被后人奉为厚养薄葬的典范。

另外，曾参还要求人们对亡故的老人常存思念之心，应经常记住父母的恩德，不要因时间的流失而忘却父母的养育之恩。古今孝道是相同的，而孝行则要因时、因人而异。我们不去考证故事的真伪，不去考察心灵的感应，不去验证"母子连心"是否属实。让我们联想到的应是：在千里之外儿子疾步回家的急切心情，仅仅是因为母亲的想念！

儒家认为，"孝"是伦理道德的起点。一个重孝道的人，必然是有爱心、讲文明的人。重孝道的家庭，亲情浓郁、关系牢固；反之，必然是亲情淡薄、家庭结构脆弱容易解体，而家庭是社会的基础。可见，不重孝道将会影响到整个社会的稳定与和谐。正像李光耀指出的："孝道不受重视，生存的体系就会变得薄弱，而文明的生活方式也会因此而变得粗野。我们不能因为老人无用而把他们遗弃。如果为人子女的这样对待他们的父母，就等于鼓励他们的子女将来也同样对待他们。"

《佛说父母恩重难报经》上讲：

"佛告阿难：我观众生，虽绍人品，心行愚蒙。不思爹娘，有大恩德。不生恭敬，忘恩背义，无有仁慈，不孝不顾。"

儒家则直接说不孝之人是"畜牲"。

《三字经》有这样的词句："香九龄，能温席；孝于亲，所当执；融四

岁，能让梨；弟于长，宜先知；首孝悌，次见闻。"在古人心中，孝悌应该是天经地义的分内之举，正如"夫孝，天之经也，地之义也，民之行也。天地之经而民是则之"所讲。这就出现了"千经万典，孝悌为先"，也就是人们常常挂在嘴边的"百善孝为先"。

"谁言寸草心，报得三春晖。"每一个人从呱呱坠地的一刹那起，便开始沐浴在父母的爱抚之下，那么这种源源不断的亲情之爱，当以什么来作为报答呢？只有至孝。孝顺父母，尊敬兄长是实行仁道的根本。这实际上就是《大学》中所讲的"齐家治国平天下"的道理，也就是孟子去见梁惠王时所说的："尊敬自己的老人，并由此推广到尊敬别人的老人；爱护自己的儿女，并由此推广到爱护别人的儿女。做到了这一点，整个天下便会像在自己的手掌中运转一样了。"（《孟子·梁惠王上》）。

简言之，只有爱自己的亲人，然后才能爱别人；相反，一个连自己的亲人都不能敬爱的人，能敬爱别人吗？

所以，在儒家学说中，一个人对父母是否孝顺，对兄长是否尊敬这绝不是个人问题，也不仅仅是一个家庭问题，而是关系到社会是否安定，天下是否太平的大问题。

国学大师季羡林"高山仰止"的德行自不必说。在此，只说说先生的孝道，同样会给人以"景行行止"的感觉。

季羡林出生于一个普通的贫苦农民家庭。他很爱自己的母亲，可还没有等到他毕业找到工作来赡养母亲，母亲却已撒手人寰，这使他一直非常遗憾。

1946年，季羡林留学德国10年后归来，终于与叔父、婶母和妻子、儿女团聚了。这位婶母是他离家求学后叔父续娶的，很有个性和脾气。季羡林初回，婶母是斜着眼睛看他的。后来，季羡林的叔父去世了，婶母随着季羡林一家由济南迁到北京。季羡林及家人竭尽孝道，使婶母非常满意，对娘家人说："这一家子人都是很孝顺的。"这其中，有一个重要的秘

6. 立身修心，要以孝为先

密，就是季羡林充分肯定婶母的功劳。季羡林在北京大学工作期间，曾给暂住济南的婶母写了一封长信，称婶母是"老季家的功臣"。对此，婶母非常高兴。他见了自己的娘家人，便说季羡林一家人都很尊敬她，爱戴她，亲切地叫她"老祖"。后来，她以90岁的高龄含笑离开人世。

　　读了这些资料，很有感慨，尤其对季羡林充分肯定老人的功劳留下了深刻印象。家有老人是个宝，家有老人有依靠。但凡老人，只要力所能及，一般总是在操持家务和管待子孙方面不遗余力的，功劳确实很大，付出实在不少。做晚辈的，只要明白这一点，肯定老人的贡献，尊重并孝敬老人，老人再苦再累也是心欢意畅的。正如一位著名心理学家所说："人性中最深刻的东西，就是渴望得到别人的肯定、欣赏和赞美。"老人也是如此。肯定让人满意，欣赏让人知足，赞美让人快乐。反过来心情更愉快，劲头更足，乐意继续付出辛勤的劳动。相反，缺乏孝心的晚辈，看不到老人的贡献，还认为家有老人是负担，是累赘，横竖看不顺眼，老是挑刺儿，这可就伤了老人的心，会让老人很痛苦的。可以说，在数代同堂的大家庭里，凡是家庭和谐的，都是尊重老人的贡献的；反之，凡是家庭矛盾重重、冲突不断的，都与无视老人的贡献有关。

　　有鉴于此，我们年轻一代学一学国学大师季羡林，把老人看做家里的"功臣"，实在是大有裨益的。

　　总之，"孝悌，人之本也。"这样就把一个"孝"字放在了所有价值之上。做人的根本是做好自己的子女身份。此言并非只是一句伦理说教，而具有深刻的哲学思考，关乎我们一生成败，不可不知。

　　可见，一个"孝"字，将一个人的人品高下昭然揭示。

在这里的斗不仅是指打架斗殴,更重要的指精神方面的争强斗胜。中年人的戒也表现在事业上的不规则的竞争,在时时处处都打垮人家,而让自己出人头地,高人一等,这是典型的中年人的毛病,多半也会种下冠心病之类的病根。

(3) 老年人戒的是得的问题

"贪"是老人家容易犯的毛病,《红楼梦》甄士隐注释的《好了歌》中有一句:"因嫌纱帽小,致使锁枷扛。"意思是因贪求更多,而汲汲钻营,所以犯法。在老年阶段,应该要思考如何完美退场,才是真正的人生哲学。

这里的"得"是指贪得无厌。许多人有一种看法,就是人越老越吝啬,越老越贪婪。不知这是不是一种偏颇的看法,但这方面的故事也的确有很多。

有一位老先生,很有钱,专门存美钞,每天临睡以前,一定要打开保险箱,拿出美钞来数一遍,才睡得着。看这类故事,越发觉得"戒得"的修养太重要了,岂止是为名为利而已。人生能把这些道理看得开,自己能够体会得到,就蛮舒服,否则到了晚年,自己精神没有安排,是很痛苦的。所以孔子的人生三戒很值得警惕。

人生的自我追寻是一生一世的任务。从出生的那一刻开始,成长的脚步不会停歇,学习与修养亦不断伴随。

其实,"戒色、戒斗、戒得"这三戒,不管在什么年龄都是应该戒,又不能全戒,而是要戒得适当才好。全戒的结果显而易见,无欲、无竞争心、无事业心,三戒的后果跟"活死人"还有多大区别?这段话如果从正面总结的话,可以说:三戒,一是要随时注意戒除个人的欲念;二是处事中要有敬畏之心,防止肆无忌惮;三是认真处理,随时有意识地要求自己。

这则君子三戒,是孔子以人生经验归结出来的三大守则。在今日看

7. 做好人生"三戒"

来，不只是要修养成君子的人需要警戒，一般的养生之道也应该遵守。

孔子对人的生理、心理真是有相当细微的观察！少年时期，身心都处于发育生长阶段，加上青春期荷尔蒙改变的影响，许多年轻人对"性"充满了好奇和幻想，这时候最需要以理智来了解并掌握自己的身心，过早的亲密关系或婚姻，对自己的身心健康和未来的事业影响甚巨！

到了壮年的时候，由于精力旺盛，容易好勇斗狠，而做出悔恨终生的事情，因此"戒之在斗"。相传清代林则徐个性很强、脾气很大，他深知自己的弱点，所以就写了"止怒"两个字挂在墙上，时时警惕自己。

及至老年，也许是已至迟暮，所以想抓住一些什么来成就此生，于是有人贪恋权位，有人遍寻长生不老之道，这都是贪得的毛病，"晚节不保"便是肇因于此。孔子对于人性的观察及描写，可说是入木三分。

有人说孔子不但是教育家、政治家、思想家，而且还是养生学家。在当时的条件下，一般人的平均寿命可能还不到五十岁，但孔子却能享年七十三岁，就是因为他深谙养生哲学。其实，不管是戒色、戒斗、戒得，都是一生的功课，唯有能掌握自己的人，方可保持心境平和愉悦，而这就是最佳养生之道。

朱熹《论语集注》引范氏的话说："少未定，壮而刚，老而衰的是血气；戒于色，戒于斗，戒于得的是志气。君子养其志气，故不为血气所动。"这实际上也就是孟子所说的"持其志，无暴其气"(《孟子·公孙丑上》)。用志气去控制血气。用我们今天的话来说，就是要用理性的缰绳去约束情感和欲望的野马，达到中和调适。

居里温和性格的影响,也学会了逆来顺受。她确信,一个具有良好性格的丈夫会在不知不觉中影响和提高妻子的心灵品性。据居里夫人自己介绍,她还从日常种种琐事,如栽花、种树、建筑、朗诵诗词、眺望星辰中,培养出一种沉静的性格,不容易发怒的脾气,曾在书房醒目处挂起自己亲笔书写的"制怒"的横匾,以此自警自戒,陶冶自己的情操。

还有,最受美国人尊敬的本杰明·富兰克林,他不仅对美国的独立战争和科学发明有过重大的贡献,而且他还具有很强的自我意识能力和良好的性格,给后人树立了光辉的榜样。有人曾批评富兰克林主观骄傲,他认真反思后,给自己立下了一条规矩:决不正面反对别人的意见,也不准自己武断行事。并且,他还给自己提出了具体改正的要求。他说:"今后我不准许自己在文字或语言上措辞太肯定,我不说'当然'、'无'等,而改用'我想'、'我假设'或'我想像'。当别人陈述一件我不以为然的事时,我决不立刻驳斥他,或立即指正他的错误,我听完陈述后会在回答的时候说,'你的意见没有错,但在目前情况下,还需要再斟酌'。"

富兰克林就是用这种方法克服自己性格中的缺陷,这也正是他成功的一个秘诀。有了健康的性格,才能享有健康的人生。人生的许多不幸、许多疾患都与性格息息相关。人虽然不能控制先天的遗传因素,但有能力掌握和改变自己的性格。如果你想改变你的世界,创造你的辉煌,就必须改掉你的不良性格。

9. 养成良好的习惯

培根说："习惯是一种顽强的巨大的力量，它可以主宰人生。"所有的人都是"习惯的产物"，习惯对我们有着巨大的影响，因为它是一贯的，在不知不觉中，经年累月地影响着我们的行为，影响着我们的效率，左右着我们的成败。

有一个人从一生下来就很穷，没有什么本事的他只能从人们扔掉的垃圾中寻找一些能用的东西来生活，有时他还可以从垃圾中找到一些东西卖点钱。一次，当他在一个垃圾场寻找有用的东西时，他发现了一本非常破旧的书，他正需要纸卷烟抽，于是就把这本破书带回了家。当他撕开书的一页纸时，他感觉手中的那页纸与其他书的纸不同——比其他书页纸更厚、更重。在一把破剪刀的帮助下，他很快就找到了藏在书页里的一件十分有趣的东西：一张薄薄的羊皮纸，羊皮纸上面写着点石成金的秘密——在黑海边有一块奇怪的小石头，只要随身带着这块小石头，就可以把自己遇见的所有普通石头都变成金子。这块小石头就是古埃及传说中的那块奇石，奇石的外观跟海边成千上万的石头没什么两样，但是它摸起来却是温热的，而被海水浸过的其他普通石头摸起来则是冰凉的。

无意中得到点石成金秘密的穷人兴奋极了，他很快就带着简单的行囊，来到黑海边。每当捡起一块冰凉的普通石头时，他就用力向海里扔去，然后再弯

渐渐地,你就会喜欢去做,这样一来,所有困难就都显得微不足道了。好习惯的力量可以冲破困难的阻挠,帮助你走上成功的道路。

因此,你要告诉自己:如果我一定要全心全意地服从习惯的话,就一定要全心全意服从好的习惯,要将坏习惯全部摒弃。

当你改掉了自己的坏习惯,你像是脱去了身上的老皮,你也就迎来了新生,就像从蛹蜕变成美丽的蝴蝶一样。

行为形成习惯,习惯成就性格,性格决定命运!想改变自己,想完善自己,请你做一个意志坚定的人,首先从养成好习惯做起吧!

10. 进入婚姻，要消掉你的个性

曾有人说："婚姻不是1+1=2，而是0.5+0.5=1。"就是说："传统意义上总说婚姻是两个个体走到了一起，可是现在每个人都很有个性，要想这段婚姻维系下去，每个个体都需要消掉一半的个性，所以是两个"0.5"才等于一段婚姻。

此话说得很有道理。的确，现代的男男女女，我们都崇尚个性和自由，我们都有想法有追求有目标，那么，两个人走在一起，必然就会有各种各样的冲突。不和就分手，闪婚的背后是闪离。于是，越是大都市，分手概率越高，离婚率越高。

我们在电视剧《爱情呼叫转移》里看到，因为挤牙膏没有从根部挤就吵架闹离婚的事情不是偶然。生活中，因为作息时间不一样，你白天上班，他下午上班；因为饮食口味不一样，你吃素他吃荤……最后闹到分手，甚至离婚的事情多不胜数。

记得在《青年文摘》看到一篇这样的文章，说一个男的喜欢一个女孩，初次见面很紧张，女孩并无意于他，他为了缓解气氛对服务员说："麻烦在咖啡里加些盐。"这让女孩惊讶不已，后来两人终于结婚了，很多年后，男的临终前写给她："原谅我一直都欺骗了你，还记得第一次请你喝咖啡吗？当时气氛差极了，我很难受，也很紧张，不知怎么想的，竟然

说，都要动嘴之前先动脑，一旦说错了话，只能是引火烧身，所以说话之前一定要动动脑子。

有些人心里藏不住话，听到什么，看到什么就爱四处传播，这是一个很没有"心计"的人。可见许多是非往往是我们多嘴多舌造成的。在我们的日常生活中，舌头惹出的风波太多了。不负责任的背后瞎说，毫无根据的怀疑猜测，不经调查的轻信乱传，东拉西扯的闲言碎语，都会给许多人造成痛苦和烦恼，给人世间增添许多是非和不幸。当然给别人带来不幸的同时，往往最终自己也受到恶报。

其实言为心声，语言受思想支配，反映一个人的品德。不负责任胡说八道，造谣中伤，搬弄是非等等，都是不道德的。能管住自己的舌头就是做人最大的成功之一。

有些人喜欢说三道四，这样做既影响团结，同时又降低自己的威信。说人坏话是人际应酬的一大忌。

在我们的生活环境当中，常有一些人聚在一起，喜欢谈论的就是那些不在场人的是非。一提到这些议人长短、论人隐私的话题，大家就显得兴致勃勃，现场的气氛也随之热烈起来。但是，这种无聊的话题却一点也不值得声张。不论你说的话题有没有恶意，到最后都会变成让人不舒服的坏话。

而且，这种搬弄是非、道人长短的话很容易传到对方耳中。即使听到这些话的人并非故意地去传播，但还是会直接或间接地传入当事人耳中，而且往往已被添油加醋，不堪入耳，这正是所谓的"好事不出门，坏事传千里。"

运气不好的时候，你说的话正好被当事人当场听到，或是被与当事人关系密切的人听到。而且，被听到的内容并非一清二楚，而是断断续续的话，这中间没听到的部分可就任凭别人想像了。在这种情况之下，一根鹅毛被听成一只鹅也不稀奇。

11. 做人需谨言慎行

古人有训:"言多必失。"唐朝诗人刘禹锡的《口兵诫》说:"我诫于口,唯心之门,毋为我兵,当为我藩,以慎为键,以忍为阃,可以多食,勿以多言。"

《尚书·说命》记载:言从口出,一旦不合乎礼仪,就会招致羞辱。同样,《诗经》中也有"有欺不可为"的警句。可见,人们对言多语失是何等的慎诫。

在我国历史上,其结局最荒唐的就算东晋武帝司马曜,竟因酒后的一句戏言被爱妃的婢女闷死。

公元396年的一天,司马曜跟平日一样,与自己最为宠爱的妃子张贵人饮酒取乐。他狂饮不止,并硬要张贵人再陪他对饮。张贵人已经酒足,难以再饮,极力辞谢。他面露愠色,开玩笑地说:"你今天如敢违抗君命,拒不陪饮,我可要定你的罪!"张贵人一时火起,恃宠起身顶撞说:"妾偏偏不饮,看陛下定我什么罪!"司马曜醉眼朦胧,起身冷笑一声说:"你用不着嘴硬。你已经年近三十,应该废黜了。我有的是年轻貌美的佳人,难道少了你一人就不成?"说到这里,又大口呕吐,喷得张贵人满头满身都是。当晚,张贵人思来想去,一直想着司马曜的这句话。她想到:司马曜的前两个宠妃都因失宠而被打入冷宫,自己失宠是不是也要在冷宫里度过余生?她越想越感到害怕,越想越心不甘。不知从哪里来的胆量和决心,张贵人让侍女拿来一条厚厚的被子,将司马曜紧紧地蒙在了下面。几个侍女重重地压在上面,任凭司马曜拼命挣扎也无济于事,司马曜竟活活被憋死了。

口是三五之门,祸害由此而生。一个口不择言的人,他所处的环境往往会混乱不堪。对此,古人早就有过先见之明,对后人也有过警示。

现实生活中,无论什么时候,我们都应注意说话的艺术。只图一时之快,不注意言语的轻重对错,任性而为,往往会给自己带来无尽的烦恼!时至今日,我们虽然不再崇尚"沉默是金"的信条,但在某些场合还是少

这下可惹恼了巴顿,他大吼道:"去你妈的神经!你是个胆小鬼!你真是个混蛋!"

骂完后,巴顿并不解气,他上去给了病号一个耳光,看到病号流泪,他再次大吼,"不许你这个混蛋哭泣!我不允许一个胆小鬼在我们这些勇敢的战士面前哭泣!"

病号受到侮辱,哭声更大了。巴顿的怒火也更大,他再次上前给了病号一耳光,还把病号的帽子丢到门外,并大声地对医护人员说:"你们以后不能接收这些混蛋,他们一点问题都没有,我不允许这些没有男子汉气概的混蛋在医院内占位置。"

说完,他再次对病号吼道:"你必须到前线去!你可能被打死,但是你必须去!如果你不去,我就命令行刑队把你毙了!说实在的,我本该现在就亲手毙了你!"

结果,这件事情很快被媒体公开,在美国引起轩然大波。很多士兵的母亲要求立即撤换巴顿,某人权组织还要求将巴顿送上军事法庭。尽管后来美国军方和政界千方百计为巴顿开脱,力争大事化小、小事化了,但此事最终影响了巴顿的"前途"——1945年,对德战争刚刚结束,巴顿便因脾气暴躁、作风浮躁、轻率,以及政治上的偏见被撤职。

将军训斥士兵,在各国军队中屡见不鲜,唯有巴顿因为不能控制自己的情绪,行为过激引起了全国民众的强烈反对,为其日后撤职埋下了伏笔,可见无论在任何场合,做任何事情,我们都应该冷静、沉重、把握好分寸。只知道发泄自己的怒火,就是用别人的错误惩罚自己。不会愤怒的人是庸人,只会愤怒的人是蠢人,只有能够控制自己的情绪、做到尽量不发怒的人,才是聪明人。

中国历史上善于制怒的人不在少数,清代著名的民族英雄林则徐,性格也比较急躁,有容易动怒的毛病,且往往因为发怒影响了人际关系,给自己带来许多不必要的麻烦。所以,他无论到任何地方,总是将"制怒"

12. 时时警戒自己，要学会制怒

二字悬于墙上，时时警戒自己。

怎样制怒，长期以来摆在了每一个人的面前。专门研究怒气问题的美国心理学家查理斯·斯皮尔伯格教授认为，怒气是一种强度各异的情绪状态，从轻微生气到暴怒、狂怒。愤怒与其他情绪一样，伴着心理和生理的两方面变化。当你生气时会心跳加快、血压升高、能量激素、肾上腺素、去甲肾上腺素水平都会升高。

怒气可以由内而外，也可以单纯源于外因而产生。比如对一个特定的人（例如爱嚼舌头的同事或狂妄无知的上司）、特定的事件（意外堵车或航班取消）不爽，担忧个人问题或自己苦闷坏了也会导致愤怒。一些伤害性或者刺激性事件的记忆同样也能触发愤怒的情绪。

愤怒是对外界威胁的一种自然反应，可以让我们在受到攻击时进行反抗并保护自己。所以，从这方面来说适当的怒气对于生存是必需的。但另一方面，我们不能对每一个激怒自己的人进行人身攻击，法律、社会道德和常识也影响和规范怒气发泄的尺度。

发泄、抑制和冷静是其中三种最主要的方法，而不卑不亢地表达出自己愤怒的感觉才是最健康的发泄方式。你必须了解自己真正的需求是什么，怎么在不伤害别人的情况下得到满足。自信但不具攻击性地表达怒气不是给他人施压，咄咄逼人，而应尊重自己也尊重他人。

怒气也可以被暂时抑制，然后改变或转换成其他的东西。你可以把持住瞬间愤怒的情绪，停止思考，并把注意力转换到一些积极的事物上。这虽然是期望把愤怒压制住并转换成更有建设性的行为，但也存在潜在危险。如果怒气不能转换为外在的发泄，怒气就可能向内转向自己，引起精神过度紧张，高血压或抑郁症。

此外，余怒还会引起其他问题，比如引发病态的表达方式，我们经常看到一些攻击行为，直接向人们报复，却不说明原因，也不是正面应对，或是愤世嫉俗和形成充满敌意的人格。那些经常看不起别人，经常指责并

事来就容易了许多。

在一个商业化的社会中，利益关系无处不在，利益关系建立的前提通常要看相互间的感觉如何。比方说，当一个人与合作方开始接触，对方如果对你感觉不错，则合作有可能；如果对方对你的感觉有点不对劲，你给他的印象和感觉都不好，则合作的第一步都走不出去。

给人的印象和感觉就是人缘。

你的综合素质可以决定你是否有一个好人缘，你的谈吐、举止、风度都可以给对方留下很好的印象，这就为你结交好人缘铺平了道路。相貌是天生的，如果你天生有一副漂亮的外表，但是没有内在的良好素养和真才实学，与别人一说话就显得庸俗不堪，肤浅，你的人缘也将大打折扣。

如果要让人对你有好感，首先要让人看到你的时候看得顺眼才行。所以，你的外表打扮一定要适宜得体。有一副令人赏心悦目的外表，别人就乐于接近你。赏心悦目的外表在于得体的服饰和优雅的举止。不要刻意地追求打扮，过分修饰容易给人造成一种粗俗的印象，觉得你很肤浅。

安娜·卡列尼娜是托尔斯泰笔下的女主人公，在托尔斯泰的长篇小说《安娜·卡列尼娜》中，有一段描写安娜去参加晚会的情景。在一大群珠光宝气的贵族妇女当中，显得特别与众不同。她的与众不同并不是刻意打扮得妖艳，而是清水出芙蓉，天然去雕饰的美，穿一袭素色的黑裙，惟一的装饰就是挂在脖子上的那条白色的珍珠项链，她身上全部的色彩只有黑白二色，除此以外再没有别的妆饰，可是她在众人当中显得特别美丽，倾倒了晚会上所有的男士女士。

内在的魅力能够赢得尊重和欣赏，所以一定要注重气质的培养，提高知识水平，提高审美能力，你在与人接触的时候，你丰富的内涵可以给人留下深刻的印象，为你交朋结友打下良好的基础。

赢得好人缘还要注重礼节。讲究礼节是人与人之间交往的根本，一个不懂礼节，没有规矩的人是不受欢迎的人。礼节的范围很广，如果要深

13. 要有一个好人缘

究，繁褥细节很多，面面俱到不大可能，但一般性的礼节一定要注意，见面微笑着打个招呼，相互之间不要忘了礼尚往来，处处懂得尊重人。不管你对礼节了解多少，有一个做法很保险：不怕做得太多，只怕做得不够。古人有"礼多人不怪"的说法，你能谨守礼节，说明你尊重对方，对方当然也会尊重你、看重你。

注重守时守信。做事要讲究时间观念，在信息化社会，时间就是金钱，浪费人家的时间等于损失人家的财富，这样做很难求得别人的谅解。一个人做事守时，履行承诺都是难能可贵的好品质，人言："受人之托，忠人之事"，千万不要随意开口空许诺，答应得好，而做起事情来却很差，这是很危险的。一旦失信于人，做事就很难了。

注意掌握好分寸也很重要。我们提倡民主，但民主也有尺度，不是无政府主义。人与人之间的关系有辈份之别，有职务之别，有工作之间的界线。如果你不掌握好分寸，随意在言语或行动上越"雷池"，这是很忌讳的。因为每个人都有一块属于个人的空间，这块空间或有形或无形，你若侵犯了，就会引起别人的不快，不愿意再与你交往。

和谐的人际关系，是由你的好人缘构造的。修炼好人缘，意味着你事事都有人相助。

15. 自省——认识自己，正视自己

人有两只眼睛，可以看世间、看万物、看他人，可就是看不到自己；能看得到别人的过失，却看不到自己的缺点；人活一生，醒悟的少，疑惑的多，而最大的疑惑就是无法认清自己。了解自己最难，不了解自己是悲哀。所以人生第一要务就是拥有自省能力，认识自己，了解自己。

曾子曰："吾日三省吾身。"世界上没有十全十美的人，更找不到没犯过错误的人。但如果能做到不断地自我反省，并努力悟出自身的不足，自身的缺点，从中吸取的教训，纠正错误，这样就可以促成自我的蜕变、让自己成长。

法国牧师兰塞姆的墓志铭上说："假如时光可以倒流，世界上将有一半的人可以成为伟人。"也可以将此理解为：就是说一个人能够将自身曾走过的弯路，犯过的错误，能够早些规避就会有更美好的人生。说的也就是一种反省，是呀，如果每个人都能把反省提前几十年，不论是在爱情上、家庭上，还是人际上、事业上，他一定会走得更顺畅、更成功！

古人云：人非圣贤，孰能无过？但正如那句流行语所说的，倡导什么就缺失什么，从古至今，中国人能坦然面对自己的不足和缺点的人屈指可数。用柏杨先生在《丑陋的中国人》一书中的话说，中国人不但不习惯认错，反而往往有一万个理由，掩盖自己的错。为掩饰一个错误，中国人会

15. 自省——认识自己，正视自己

用很大的力气，制造更多的错，来证明第一个错并不是错。

柏杨先生还在文中举了一个例子："中国有句俗话，叫闭门思过。思谁的过？思对方的过！我教书的时候，学生写周记，检讨一周的行为，检讨的结果是：'今天我被某某骗了，骗我的那个人，我对他这么好，那么好，只因为我太忠厚。'看了对方的检讨，也是说他太忠厚。每个人检讨都觉得自己太忠厚，那么谁不忠厚呢？"想想我们自己，看看周围的同胞，你不得不佩服柏杨先生的深刻。

当然，真正闭门思过的人虽少，但还是有的。至少，这个成语的缔造者韩延寿本人就是。

韩延寿是西汉昭帝时期的左冯翊太守。有一次，他到高陵县巡视，遇到兄弟二人向他告状。其中的哥哥说："我弟弟占了我的地。"弟弟则说："这地本来是我父母在世时分给我的，哥哥不讲理，硬说是分给他的。"这件事对韩延寿触动很大，他说："我身为太守，不能教化百姓，以致民间发生骨肉争讼。这既伤风化，又使贤人孝子受耻。其责任在我，我应该退职让贤。"当天，韩延寿推脱有病，不再处理公务，而是独自一人呆在馆舍里，关门闭户，思考自己的过错。事情传到那兄弟俩耳中，他们感到很不好意思，当即痛心疾首地流着泪，光着膀子前往韩延寿那里请罪，一桩诉讼就这样圆满地解决了。

需要反思的绝不止县太爷。对普通百姓来说，也是必不可少的，所以古人教导我们，要"从五更枕席上参勘性体"。所谓"性体"，说通俗点儿就是人的本性，"参勘"则是一种非常深刻的自我反省、自我检讨。为什么要在五更枕席上做此事呢？古人也说了，因为这时"气未动，情未萌"。我们在白天忙碌的时候，情绪烦躁不安，哪有心情自省？即使自省，也往往由于受情绪的影响，容易分辨不清，感情用事。

古人又有"闻过则喜、闻善则拜"一说，这当然值得推崇，但更值得推崇的无疑还是反思能力。因为生活中很有一些人，由于诸多原因，有时

修己

16. 不要盯着别人的缺点不放

有一位老师走进教室,在黑板上点了个白点。

然后大声问学生:"你们看到了什么?"

大家异口同声地说:"一个白点。"

老师说:"不准确。"

学生们全部愕然:"怎么不准确?明明是一个白点嘛!"

有个学生甚至走近黑板,想认真瞧瞧老师点的到底是啥东西,但左看右看,上看下看,反复看,还是一个白点,便理直气壮地说:"老师,没错。那确确实实是一个白点。"

老师说:"你们这么多双眼睛,看到的都是一个白点吗?难道这么大的黑板都没看见?"

这时,学生们才恍然大悟:"看到了。"

仅看到"黑板"上的"白点",忽略"白点"后面的"黑板"和黑板后面的"墙壁"。这正是人常犯的错误。所以,面对别人时,我们往往会受到视觉、思维等的局限,只把目光局限于别人的缺点上(白点),而看不到他闪光的地方(更大的黑板)。

正所谓:"尺有所短,寸有所长。"人世间真正完美的东西本来就很少,如果我们只看到他人的弱点,而看不到他人的长处,只把挑剔的目光

16. 不要盯着别人的缺点不放

放在别人身上，而看不到自己的缺点。那么，这个人的缺点就会在我们的心中被无限地放大，以至于没有了优点。

关于美国在线公司，就有这样一个故事：

在美国纽约的同一座大厦同一层楼里有两家网络公司。一天，两家公司的首席执行官不知为什么都开始注意起对方的公司。并且，他们都得出了一个基本相同的结论：千万不能让自己公司里的员工学习对面公司里员工的行为作风，不然，一定会出大问题。

因此，就在同一天，两家的首席执行官都给自己公司的员工发出了一条通知。

甲公司的通知是：为了保证本公司的正常运营，不准学习对面公司员工的作为，他们穿着古怪，不修边幅，在行为上极为不检，上下班不准时，在上班时还有人谈话、说笑、听音乐。本公司若发现有此行为者，将一律开除，决不延迟。

乙公司的通知则是：为了保持以激扬的势头发展下去，所有公司员工不要与对面公司的员工来往，他们整天死气沉沉，上下班都毫无表情，没有一点生气。为保证我们不被这种情绪感染，所有员工必须与对面公司的员工保持距离。如有私自交往者，公司将严惩不怠。

就这样，同是经营网络的两家公司，又是面对面的邻居，竟然几年下来都没有任何的来往，所有的员工上下班也是从不打招呼，形同陌路。

虽然有了这样的纪律约束，但两家的业绩却并不乐观，两家公司在过了一段时间后都面临了倒闭的危机。为了挽救当前局面，两家公司在同一天也都发出了寻求高明管理者的招聘启事。这时，有一位应征者看到了招聘启事，便给两家公司同时投出了自己的简历。

在面试的那一天，这位应征者分别看到两家公司墙上贴的通知，感到非常奇怪。于是，分别建议两家公司的首席执行官应该更改通知。

甲公司的通知改为：为了转变工作势气，号召大家多向对面公司的员

工学习,他们行为活泼、思想活跃、进取心强,富有想像力,具有大胆的创新精神,这是我们不可缺少的!

乙公司的通知则改为:对面公司的员工,穿着得体、态度端庄、行为严谨、奉献精神和吃苦耐劳精神可佳,这些都值得我们多多学习!

更不可思议的是,两家公司的首席执行官竟不约而同地采用了他的建议,并重金聘用了他。再后来,为了更好地发展,两家公司便成功地合并了,这就是现在的美国在线公司。原来那两家公司就是时代华纳和原美国在线。

美国在线公司的故事告诉我们:当一个人只注意别人的缺点时,无形中这个缺点也会在自己的眼中无限地放大,最终导致的就是两人的感情越来越淡薄,情感的距离也会越来越远。总盯着别人的缺点不放,恰好说明,我们自己身上到处都是缺点。

这就教导我们,我们应多反省自己,严格要求自己,加强自身的修养,同时又不要对别人太苛刻,不要只盯着别人的缺点。在看到别人缺点的同时,也要看到别人的优点,并以宽容心态对待别人的缺点,以谦虚的态度学习别人的优点。

正如俗语所讲"得饶人处且饶人",人和人的脾性、见解不一时,你更不必对别人的过失或缺点耿耿于怀,也不必咄咄逼人。否则,你的步步紧逼,反而会激发对方的抵触心理,结果就会旧矛盾未解决,新矛盾又产生了。所以,多看看别人的长处,也正体现了我们自己大度的长处。

修己做人的学问就是:时刻保持谦虚,多正视自己的弱点,多看他人的优点,将别人的优点吸收为自己的优点,弥补缺陷,力求自我完美。

17. 崇尚节俭，滋养品德

古语云："俭，德之共也；侈，恶之大也。"《道德经》上又说："我有三宝，持而保之。一曰慈，二曰俭，三曰不敢为天下先。"意思是，我有三件宝贝，持有而珍重它。第一件叫慈爱，第二件叫节俭，第三件叫不敢处在众人之先。

"慈"、"俭"、"不敢为天下先"被老子视为修身"三宝"，接下来他解释说："慈故能勇；俭故能广；不敢为天下先，故能成器长。"也就是说，有了柔慈，所以能勇武；有了俭啬，所以能大方；不敢居于天下人之先，所以能成为万物的首长。这三宝也正是成功人士品质的三要素。

我国著名的学者、国学大师、北大资深教授季羡林先生，就是一位衣着朴素、认真负责、与人为善的老人，很多人尊称他为"布衣教授"。

是什么决定了他一生的简朴呢？

季羡林出生在山东省清平县康庄镇官庄一个贫苦的农民家庭。小时候，家里一年也吃不到几次白面，平常只能吃红高粱面饼子；连买盐的钱都没有，只能把盐碱地上的土扫起来，在锅里煮成咸水，用来腌咸菜。

四五岁时，季羡林就开始帮家里干活儿，早早体验着生活的艰辛。在收割庄稼的时候，他跟着邻居到别人割过的地里去拾麦子或者豆子、谷子，一天下来，可以捡到一小篮麦穗或者谷穗。有一次，季羡林捡到的麦

穗比较多，母亲把麦穗磨成面粉，贴了一锅面饼子。贪吃的季羡林越吃越想吃，吃完饭后又偷了一块。母亲看到了，追着要打他。季羡林连忙逃到房后，扑通一声跳进水坑里。母亲捉不到他，他就站在水里吃完了剩下的饼子。

尽管家境贫寒，但季羡林的父亲深知文化知识对于后代的重要性，他把6岁的季羡林送到济南的叔叔家去上学。15岁时，季羡林考入山东大学附属高中。他勤奋好学，连续两学期获得甲等第一名。后来，季羡林考上了清华大学，之后又去德国留学，回国后执教于北大。虽然是流洋学者、北大教授，季羡林却始终衣着简朴。季羡林家里的书桌和饭桌等都是用了几十年的普通家具。他的饮食也十分简单：早餐一杯牛奶、一块面包、一把炒花生米；午餐和晚餐则多以素菜为主。他每天都坚持看半小时的新闻联播，用的还是上个世纪70年代末买的19寸电视机。虽然生活上极其简朴，他却将一笔又一笔节省下来的工资和稿费慷慨地捐献给家乡的学校，捐献给家乡建卫生院。

孟子曰："生于忧患，死于安乐。"童年时饥饿的记忆使季羡林养成了勤俭节约的习惯，而苦难的经历又是他奋发的动力，是他一生的财富，使他受益终生。

浩浩中华，上下五千年，礼义多以俭为德。"千古良相"诸葛亮曾这样告诫自己的儿子："夫君子之行，静以修身，俭以养德。"表达了希望后代志存高远的厚望，成为千百年来广为传诵的佳句。陆赞也曾说过：不节，则虽盈必竭；能节，则虽虚必盈。由此看来，节俭真是一条古老的修养之道。

古希腊人曾提倡四种美德，其中一条就是节俭。那么，为什么要节俭呢？中国古代就有一句名言：养心莫善于寡欲。它告诉我们，只有过一种粗茶淡饭，勤俭节约的淡泊生活，才是养心娱乐、陶冶性情最好的方法。因此，勤俭节约对一个人修身养性起着至关重要的作用。

18. 学会感受生活的幸福

人可以终生与无聊为伴，可以长期与痛苦共生，可以麻木不仁地了此一生，可以稀里糊涂地走完人生羁旅……惟独很难与幸福长相厮守，让其成为自己寸步不离的朋友。似乎幸福这东西是一种不确定的存在，亦幻亦真，时隐时现，远观依稀存在，近看踪影皆无，常让人发出无奈的喟叹。谁敢妄称自己为捕捉幸福的高手呢？

然而，尽管幸福飘忽不定，也绝非虚妄之物，它真实地存在着，而且许多人都曾实实在在拥有过它。三毛所说"快乐是不堪闻问的鬼东西"是带着情绪说的，不足为信。梁实秋的"内心湛然则无往而不乐"虽很能代表一些人的观点，又太玄了。很多人主张入佛门、禅门中去求乐，也不一定求得到。真实的幸福恰恰都不是先求而后得，而往往是在困境中与之邂逅。

一位思想家一直抱怨没有鞋穿，见到没有脚的人之后，他因自己的健全而体味到了幸福——这个故事已经被广为传诵。

一个失恋者被痛苦折磨得死去活来，他恨命运不济、造物不仁，让自己变为孤独而又凄零的人，但当他见到一个失去双臂的人用脚写字、缝衣服的时候，突然觉悟到丢失一位心上人比起丢失双臂来实在微不足道，虽失掉了爱过的人，终究还能重新振作起精神饱尝青春之甘美、沐浴生命之

恩泽——他从振作精神中体味到了幸福。

一个经济条件不太好的女孩嫉妒周围的那些纹身穿鼻、裹腹束腰的时髦客,她为自己没有能力走进这一时尚而郁郁不乐。直到有一天,她走在大街上,无意中被"星探"发现,从此成为模特。她从这一惊喜中收获到了幸福。

一个百无聊赖的人除了打麻将、玩牌,简直不知怎样打发时光,牌友离去了,他陷入莫名的空虚寂寞之中。一天,他找到了一份符合自己兴趣的工作,这份工作使他失去了闲暇,却使他意外地与幸福不期而遇……

我自己也有过这样一段刻骨铭心的经历:

1996年,我患了重病,生命的上空黑云压顶,让我透不过气来。这一年几乎都是在医院中度过的。被囚拘在医院的白色围墙中,回眸凝想,突然感到以前的生活都是幸福的,幸福从此刻戛然中断,那之前我从没有受过重病的折磨,不知道我是否已经处在死亡边缘,是否生命的一脉心香会就此结束。我产生了从未有过的恐惧。同一病室的Y君上午还在与我谈笑,下午,医生查房,探其鼻息,已经奄然物化。这可怕的场景使我默然良久,垂眼自顾,突然产生出一种恋眷生命的情怀。生命如此美好却又如此脆弱。幸福近在眼前又求之不得,想到此,眼泪不禁滚落下来。莎士比亚曾说,眼泪是最宝贵的液体,不能让它轻易流出,但是此时,不得不任它撒落,因为它是被对幸福的无限眷恋逼催出来的。我脑子里突然萦绕起关于幸福的话题,觉得平日不可捉摸的幸福现在突然轮廓清晰了起来:如果把人生比喻为一个天平,那么天平的一端是生命,另一端无疑就是幸福。在生命垂危的关头,天平高高地翘了起来,将幸福升到空中,渐渐远离了自己。这时,惟一的企盼就是希望生命把翘起的天平压下去,以使幸福重新回到自己身边。幸福所托举着的不就是对生命的渴望吗?我突然意识到:活着即幸福,幸福是常在的,这才是颠扑不破的命题,过去对幸福的一切阐释都显得那么牵强。可是为什么在安然无恙的时候没有想到这一

18. 学会感受生活的幸福

点呢？当时我一点力气也没有，但我还是在做最后挣扎，用仅有的一丝力气祈祷上苍：用我的全部财产换取生命吧，除去生命，我什么都不要，只要活着，有快乐与我同在就是圆满的，还要其他东西做什么呢？

在绝望中祈求的那种幸福是最真实的幸福。

求生的欲望化为了一种力量，幸福的召唤化为了生命的庇护神。奇迹终于出现了：我的病开始出现转机，当病痛稍有缓解的时候，我感到一阵轻松向我袭来，亲吻我的脸颊，撩拨我的欲望，我甚至在病床上隐隐约约体味到久违了的幸福存在。痛苦每减少一分，幸福便增长一寸。我的生命最终获得了解救。我自己也始料不及，当我完全复原后，幸福与生命就成为忠实的伴侣，再也分不开了。疾病把点点痕迹留在了我生命之树的树干上，留下记号，时时警示我不要亵渎或虐待幸福。

从此，幸福再不会从我身边溜走了。

从这段经历中让我们深深地感悟到：幸福就在我们的身边，只是我们没有用心去感受它、享受它罢了！因此，我们每个人要懂得惜福，要懂得去享受生活，感悟生活幸福的点点滴滴。

19. 谦虚做人、低调处世

低调做人是做人成熟的标志，是为人处世的一种基本素质，也是一个人成就大业的基础。

低调是立世的根基。低调做人是一种生存的大智慧，是一种韧性的技巧，是做人的一种美德。"良贾深藏才若虚，君子盛德貌若愚。""地不畏其低，方能聚水成海，人不畏其低，方能浮众成王。""胜人者有力，自胜者强。"这些有益的格言，告诫我们一个道理：低调做人才是最完美的人生。低调做人的人相信：给别人让一条路，就是给自己留一条路。低调做人的人懂得：才高而不自夸，位高而不自傲。做人不可过于显露自己，不要自以为是，更不该自吹自擂。低调做人的人知道：要想赢得友谊，就必须平和待人；要想赢得成功，赢得世人的敬仰，就必须学会低调做人。

据说大科学家爱因斯坦着装和修饰过于简朴，日常生活不修边幅，以至于有一次参加演讲时，负责接待工作的人误把他的司机当做了他，而把他当成了司机。这虽说是个笑话，可也反映了大科学家爱因斯坦不摆架子、低调做人的姿态。

爱因斯坦从不摆世界名人的架子。他吃东西非常随便，外出时常坐二三等车，推导和演算公式常利用来信信纸的背面；并且，他还经常穿着凉鞋和运动衣登上大学讲坛，或出入上流社会的交际场合。有一次，总统接

19. 谦虚做人、低调处世

见他,他居然忘记了穿袜子,但这并不影响他在总统和人民心目中的伟大形象。他初到纽约时,身穿一件破旧的大衣。一位熟人劝他换件新的,爱因斯坦十分坦然地说:"这又何必呢?在纽约,反正没有一个人认识我。"

过了几年之后,爱因斯坦已成了无人不晓的名人,这位熟人又遇到了爱因斯坦,发现他身上还是穿着那件旧大衣,便又劝他换件新的。谁知爱因斯坦却说:"这又何必呢?在纽约,反正大家都认识我。"

由此可见,真正有品质、有成就的人,绝不会刻意地去追求架子,事实上,刻意追求架子的人也不可能真正有所作为。取得一点儿成绩,就不可一世,这样的人多是小人得志。小人得志就猖狂。要知道枪打出头鸟,猖狂就得挨打,所以还是做一只"夹着尾巴"的鸟比较安全。

在这个世界上,无论你如何标榜自己,充其量都是个普通人,今天所拥有的一切都是因为自己过去的奋斗,这里面夹杂着别人的很多心血。因此,名人的尾巴夹得很紧,他们和别人的差距不在于他是一个名人,而在于他们知道人这一辈子不容易,得活自己的,更要尊重别人的。无论怎么样,都不要讨人厌,不要动不动就跟人家吆五喝六的,谁有工夫搭理你呀。学会这一点比什么都重要,这就是魅力。

可以这样说,"夹紧尾巴"是一种道德选择,因为这不仅代表着你的清醒,还代表着你对以往朋友关心帮助的感激。如果你是一个忘恩负义的人,必然会把尾巴翘得很高很高。殊不知,一部人类史,正是人在道德目标的引导下不断前进上升的历史。抑制不良的欲望,就要保持一颗平常之心,赶走狂妄的情绪。正如《菜根谭》所说:"冷眼观人,冷耳听语,冷情当感,冷心思理。"因为"性躁心粗者一事无成,心平气和者百福自集"。

趾高气扬的人要获得人生的增长点,就应该向一切尊重人类生命的道德力量鞠躬,包括面对年轻人,不要担心自己表现出愚蠢的样子,人要全面地发展,就得质朴谨慎求实。一般来说,鞠躬的时候是不应该翘尾巴

的，因为那样会露出不应该暴露的部位，如同是公园里的猴子，从这个意义上讲，我们时刻都应该注意到自己尾巴的位置，要不然，出风头就是显露、表现自己，自鸣得意地显示自己比别人行。这样的人很高调，也有不少居功自傲的人，最终还是落得身败名裂的下场，甚至有可能招来杀身之祸。

三国时期，祢衡很有文才，在社会上是非常有名气的，但是，他恃才傲物，从来都不把别人放在眼里。经常说除了孔融和杨修，"余子碌碌，莫足数也。"他容不得别人，别人自然也容不得他。所以，他"以傲杀身"，被黄祖杀了。

祢衡经过孔融的推荐，去见曹操。见礼之后，曹操并没有立即让祢衡坐下。祢衡仰天长叹："天地这么大，怎么就没有一个人！"曹操说："我手下有几十个人，都是当今的英雄，怎么能说没人呢？"祢衡说："请讲。"曹操说："荀彧、荀攸、郭嘉、程昱机深智远，就是汉高祖时候的萧何、陈平也比不了；张辽、许褚、李典、乐进勇猛无敌，就是古代猛将岑彭、马武也赶不上；还有从事吕虔、满宠，先锋于禁、徐晃；又有夏侯惇这样的奇才，曹子孝这样的人间福将。怎么能说没人呢？"祢衡笑着说："您错了！这些人我都认识，荀彧可以让他去吊丧问疾，荀攸可以让他去看守坟墓，程昱可以让他去关门闭户，郭嘉可以让他读词念赋，张辽可以让他击鼓鸣金，许褚可以让他牧羊放马，乐进可以让他朗读诏书，李典可以让他传送书信，吕虔可以让他磨刀铸剑，满宠可以让他喝酒吃糟，于禁可以让他背土垒墙，徐晃可以让他屠猪杀狗，夏侯惇称为'完体将军'，曹子孝叫做'要钱太守'。其余的都是衣架、饭囊、酒桶、肉袋罢了！"

曹操听了很生气，说："你有什么能耐？"祢衡说："天文地理，无所不通，三教九流，无所不晓；上可以让皇帝成为尧、舜，下可以跟孔子、颜回媲美。怎能与凡夫俗子相提并论！"这时，张辽站在旁边，拔出剑要杀祢衡，曹操阻止了张辽，悄声对他说："这人名气很大，远近闻名。要

19. 谦虚做人、低调处世

是把他杀了,天下人必定说我容不得人。他自以为很了不起,所以我要他任教吏,以便侮辱他。"一天,祢衡去面见曹操,曹操特意告诉看门人:"只要祢衡到了,就立刻让他进来。"祢衡衣衫不整,还拿了一根大手杖,坐在营门外,破口大骂,使曹操侮辱祢衡的目的没能达到。有人又对曹操说:"祢衡这小子实在太狂了,把他押起来吧!"曹操当然也很生气,但考虑后还是忍住了,说:"我要杀他还不容易?不过,他在外总算是有一点名气。我把他送给刘表,看看结果又会怎么样吧。"就这样,曹操没有动祢衡一根毫毛,让人把他送到刘表那儿去了。

到了荆州,刘表对祢衡不但很客气,而且"文章言议,非衡不定"。但是,祢衡骄傲之习不改,多次奚落、怠慢刘表。刘表又出于和曹操一样的动机,把他送给了江夏太守黄祖。

到了江夏,黄祖也能"礼贤下士",待祢衡很好。祢衡常常帮助黄祖起草文稿。有一次,黄祖曾经握住他的手说:"大名士,大手笔!你真能体察我的心意,把我心里想说的话全写出来啦!"但是,后来在一条船上,祢衡又当众辱骂黄祖,说黄祖"就像庙宇里的神灵,尽管受大家的祭祀,可是一点儿也不灵验"。黄祖下不了台,恼怒之下,把祢衡杀了。祢衡死时不到三十岁。曹操知道后说:"迂腐的儒士摇唇鼓舌,自己招来杀身之祸。"

祢衡短短的一生,没有经过什么大事,我们很难断定他究竟才高几何。然而狂傲至此,即便有孔明之才,也必招杀身之祸。由此可见,做人不要太狂妄自大,傲气凌人。

20. 自律——在约束中让自己更完美

自律，是一个很严肃的词语。对于每一个人来说，这个词语显得格外有难度。人们骨子里都想放纵、想懒惰、想松懈、想放弃……而只有拿起自律的武器才能在约束中让自己变得更完美。

自律的本质，就是自我雕塑，自我培养，自我修炼的一个过程，只有经过这个过程的历练，才能够看到自己的成长、自己的变化、自己的成功。每一个想要改变自己，改变命运，真正的起点就是要成为一个高度自律的人。

美国有个心理学家曾做过这样一个实验：

将一群小孩子安置在同一个房间，并放上糖果，告诉他们糖果只能等工作人员回来再吃，然后又用隐藏的摄像头观察他们，发现只有少部分孩子克服了糖果的诱惑，而大多数都吃下了糖果。以后工作人员跟踪调查，发现没吃糖的孩子成人后在事业上大多都很成功，而吃了糖的那部分孩子却少有成就，并且失业率很高。

自律曾造就了一个个杰出的人物，成就了许许多多人的梦想。自律代表一个人具有某种精神、某种品质。越是懂得自律的人，其显现的品质就越卓著，赢得几率就越高。

在美国一所大学的日文班里，突然出现了一个50多岁的老太太。开始

20. 自律——在约束中让自己更完美

大家并没感到奇怪。在这个国度里，人人都可以挑自己开心的事做。可过了不长时间，年轻人们发现这个老太太并非是退休之后为填补空虚才来这里的。每天清晨她总是最早来到教室，温习功课，认真地跟着老师阅读；老师提问时她也会出一脑袋汗；她的笔记记得工工整整，不久年轻人们就纷纷借她的笔记来做参考。每次考试前老太太更是紧张兮兮地复习、补缺。

有一天，老教授对年轻人们说："做父母的一定要自律才能教育好孩子，你们可以问问这位令人尊敬的女士，她一定有一群有教养的孩子。"

一打听，果然，这位老太太叫朱木兰，她的女儿是美国第一位华裔女部长——赵小兰。

成功源于自律，自律伴你成功。自律是成功的基石，没有任何人可以在缺少它的情况下获得并保持成功。我们甚至可以说，无论任何一位有多么过人的天赋，若不运用自律，就绝不可能把自己的潜能发挥到极致，达到巅峰也绝不是一件容易的事。世界上很少有几个人能在自己的专业领域中，被公认为是鹤立鸡群的翘楚，而在历史上留下名声的人，就更是少而又少。这正是杰瑞·莱斯了不起的地方，他被公认为美式足球前卫接球员的最佳代表，他的球场表现是最佳明证。

熟悉他的人说他是个天生的运动员，他的天赋体能惊人，而且罕见。任何一位足球教练都想找到这样天赋优异的前锋球员。获选进入美式足球名人榜的明星教练比尔·华西发出这样的赞叹："在我们所认识的人当中，没有一个能赶得上他的体能。"单是这一点还不能使他成为传奇性的人物，在他卓越成就的背后有一个真正的原因，就是他的自律能力。他勤练身体，每一天都在为攀越更高境界而准备自己，在职业足球界没有人像他这样有规律的。

莱斯自我鞭策的能力，可以从他体能训练的故事说起。当他还在高中校队的时候，每次练习之前，摩尔高中球队教练查尔斯·戴维斯都规定球

员以蛙跳的方式，弹跳前进一座40码高的山丘，来回20趟后才能休息。在密西西比炎热而潮湿的天气下，莱斯在完成第11趟之后就感到吃不消而打算放弃。当他打算偷偷溜回球员休息室时，他意识到了自己的行为。"不可以放弃，"他对自己说，"因为一旦养成半途而废的习性，你就会把它视为正常。"他掉过头来，回到练习场上完成他的弹跳。从那天起，他再也没有半途而废过。

成为职业球员之后，莱斯又以攀越另一座山丘而闻名。这是一处位于加州圣卡洛斯的野外山径，全长约有2.5公里，莱斯每天在此锻炼体能。有一些足球明星偶尔也来参加练习，但是没有一个人能够追得上他，全被他远远抛在后头，人人对他的体力赞不绝口。其实这只是莱斯固定操练的一部分而已。当球季结束之后，其他的球员都去钓鱼或享受假期，莱斯却仍旧保持勤练的作息规律，每天从早晨七点钟开始做体能训练，直到中午。曾有人开玩笑说："他的身体锻炼到高度完美的状况，连功夫明星跟他比起来都只像是个相扑选手。"

"许多人所不能了解的地方是，莱斯总把足球赛季看成是一年365天的挑战。"美国职业足球联盟明星凯文·史密斯这么描述他："他的确天赋过人，然而他的努力更是凌驾于他人之上，这正是好球员与传奇性球员的分野。"

莱斯最近又在专业领域中登上另一座高峰：他遭受了一个极为严重的运动伤害。在这之前，他已经写下连续19年比赛从不缺席的纪录，这也是他高度自律的品德及超强韧力的明证。当他于1997年8月31日在球场上摔破膝盖骨时，人们以为他的足球生命就此停住了。因为就历史纪录来看，只有一位球员，在这种伤害之后，还能在足球赛季内回到球场比赛，那就是罗德·伍德生，他以四个半月完成康复，创下职业球赛历史的纪录。然而莱斯却只花了三个半月就康复了，靠的就是咬紧牙关的坚毅决心，以及令人难以置信的自律。这种恢复的速度令世人大开眼界，可说是

20. 自律——在约束中让自己更完美

前所未有，也难有人再出乎其右。莱斯因此得以再次回到球场上继续创造佳绩，并为球队赢得胜利。

对于我们每个人来说，有时候，最大的敌人就是自己。有时要战胜"自己"是很难的，需要了解自我，找到自己的长处和不足；需要严格要求自己，克服和纠正自己的缺点和身上的毛病；还需要战胜自我的恒心和毅力；更需要的是慢慢去培养良好的习惯，习惯就会慢慢成为自然而然的行为，自己也会在良好的行为中变得足够的优秀。

21 培养包容的大胸怀

《易经》中的《象传》说:"地势坤,君子以厚德载物。"土地之德厚广,可以承载万物,君子取法地,要积累道德,方能承担事业。坤卦的厚德载物与乾卦的自强不息,是人的品格修养不可缺少的组成部分,有之则成功有望,无之则大业难成。

古语云:"修身齐家治国平天下"。一个人成就大事,必须从提高自我修养做起。"有容乃大",要使自己像大海一样容纳百川,才能得到众人的支持,倘若能做到这样,事业就一定有成功的希望。反之,倘若不能宽容他人,那么他人也难于容忍你,这样最终导致不和谐,甚至会积怨成仇。

"地势坤,君子以厚德载物"告诉我们要有大地的包容性、宽厚性、容忍性,要有宽广的海洋般的胸怀,坦荡无私、光明磊落;不应计较个人的得失,不怕挫折、痛苦、屈辱、失败的打击;善于在各种困难和挫折中总结经验,找出进一步发展的道路。为政者和商业人士要有完备无穷的德行;要有高瞻远瞩的战略眼光,有全心全意造福社会的崇高品德,有不计个人恩怨、得失的健全心理,有负载万物,包容一切的高尚品德。

"世界上最宽阔的是海洋,比海洋宽阔的是天空,比天空更宽阔的是人的胸怀。"这句话是法国大作家雨果说的。的确,人的心胸是无比宽阔的,虽然并不是每个人都是如此,只有学会宽容,懂得包容的人,才会拥有这样的心胸。

21. 培养包容的大胸怀

包容是一种修养，是一种境界，是一种美德。包容是原谅可容之言、饶恕可容之事、包涵可容之人。度量大，就能得人心、纳众谋，成其强大。

因为一个人能够原谅他人的过失，对冒犯、侮辱，或是损害过自己利益的人，不予计较，须有宽宏的度量，而一个人的度量是宽宏还是狭小，不但取决于他的性格、心地，而且取决于他对是非善恶的判断、对自己处境的认识和预见行事后果的能力，即宽容与智慧、识见有关。有的人度量宽宏，是天性使然，这种人毕竟很少，更多的人能够宽容他人，则是经过理性的思考与权衡之后而做出的抉择。

韩信为平民时，曾于淮阴街头受过屠夫之子的胯下之辱。后来他统兵百万，"战必胜，攻必克"，被刘邦封为楚王，衣锦还乡，并未忘记那个逼自己从他的裤裆下钻过去的人，但韩信不是要他的脑袋，而是任他为中尉，并对诸将说："此人是个壮士。他当年辱我时，我当然可以与他以死相拼，但死得无名，所以忍耐至此。"

韩信此言，只是道出了他当时受辱时对利害的权衡，而他不杀屠夫之子，却是一种智慧的抉择。这时的韩信已经封王，而那曾经侮辱过他的人仍是个平民。此时韩信若是为报复而杀他，当然如同杀鸡般容易，但这一刀下去，一个心胸狭窄、睚眦必报的横暴者的形象，也就活脱脱显现出来。而他以德报怨，对此人授之以官，则可以显示其大丈夫襟怀，赢得大众的赞扬，赢得人心。智商奇高的韩信，自然会想到这一点，所以才有了这段被司马迁、班固载入史册的千古美谈。

韩安国于汉景帝刘启在位时，曾事梁孝王刘武，因平定吴、楚等七国之乱而立下大功，名重一时，后遭人谗陷，获罪下狱，在狱中屡被狱吏田甲欺辱。他曾对田甲说："你不要欺人太甚，你难道没听说过死灰还会复燃吗？"田甲却冷笑道："死灰若复燃，我则以尿浇灭之。"不料，数旬之后，汉廷竟下诏，任韩安国为梁国内史。田甲听说韩安国复居高位，怕遭报复，吓得弃家而逃。韩安国却下令："田甲若不就官，我将灭其一族。"田甲走投无路，只得向韩安国袒背谢罪。韩安国看他如此狼狈，笑道：

69

 修己

"死灰今已复燃,你可以尿浇灭了!何必吓成这样,公等值得我计较吗!"遂令复其官,并善待之。

他的大度,不但被时人称颂,也被史家记下令后人敬佩的一笔。然而,韩安国此举,固然可以说是其心胸宽大,但又何尝不是由于他的智慧与识见使然?他历尽险恶,得以复职,地位尚不巩固,若是一上任就对田甲施以报复,必然令人厌惧,并很可能因此树敌,而对欺侮过自己的人宽容以待,则会得到世人的尊崇,对巩固自己的政治地位大有好处。

从韩信、韩安国如何对待曾经侮辱过自己的人,如何对待损害自己尊严的位卑者,不仅可以看出他们的雅量,而且可以看出他们的处世智慧。

战国时,楚王宴请臣下。灯忽灭,一醉酒的将军拉扯楚王妃子的衣服,妃子扯下了将军的帽缨,要求楚王追查。楚王为保住将军的面子,下令所有的人一律在黑暗中扯掉自己的帽缨,然后才重新点灯,继续宴会。后来,这位被包容了的将军以超常的勇武为楚国征战沙场。可见,学会包容,就要学会原谅一个人的过失,给人以悔改的机会。

楚王用自己的宽宏大量将这位被包容了的将军为自己征战沙场,可见他的用人远见,也显示出他宽容的心胸和气度。因此,作为一个政治家必须能够包容,因为他所要完成的事业,是靠调动起千千万万大众的行动而实现的,若无包容精神,便不能做到。作为领导者也必须有包容的胸怀,因为他的存在价值和水平是靠调动众多人的行动而实现的,若无包容精神,便不能做到。同时,作为我们一介庶民,也要有宽宏的心胸,因为我们要在这个社会生存,社会本身就是一个个人扎堆的地方,各色各样的人都会遇到。这些人里,一定有自己喜欢的,有自己不喜欢的,也一定有得罪过自己的人。如何以包容之心来面对这些人,实际上也是考验我们人际关系的一个很重要的关键因素。

总之,人活着,没有必要事事认真,为鸡毛蒜皮的事去计较,要学会包容。包容了别人,等于善待了自己;包容了友谊,才能够天长地久;包容了爱情,才能够幸福美满;包容了世界,才能和谐美丽。

22. 培养平静安然的生活态度

不管你现在多么成功,也不管你现在是多么的失败,都要保持一颗平常心。拥有平常心的人,沉着冷静,脾气温和,似乎也已超越世俗纷争,轻易不与人争斗。他们生活态度积极,有幽默感。他们总是以一种平静安然的生活态度来生活。

曾听到过这样一个故事:

有一天,有一个美国阔太太去巴黎旅游。她在巴黎市中心的花园里看见一个老头在专心致志地浇花剪草。他是那样的内行,那样勤恳操劳,他那一丝不苟的姿态,足以证明他是一个上等的园丁。这个阔太太有一座私人花园,她心想这个老头真是百里挑一的好园丁。在美国恐怕出很高的价钱也很难找到,今天既然碰到了,为什么不聘请他为自己服务呢?

于是她问那个老头,愿不愿意到美国去做她的园丁。她可以给他高于法国三倍的工资,还可以解决他的旅费和住宿。为了说服那个老头,她又把美国大大地吹嘘了一通,仿佛那里遍地是黄金,人人到了那里都可以发财。

"夫人,"那个老头静静地听完美国阔太太的话,非常礼貌地说道,"谢谢你的好意。但真是不巧,我现在还有一个职务在身,不能离开巴黎。"

"你统统辞掉吧!我会给你补偿的。你还有什么兼职?还是从事什么副业?送牛奶还是养鸡?"

"都不是，"老头微笑着说，"我希望人们在下次选举中不投我的票，我就好来接受您的美差。"

"什么？投票。你们法国人连选园丁都还要投票？"

"不是的，夫人。我的名字叫安里，我这个园丁现在还兼任着法国总统。"

堂堂的一国总统竟然在花园里勤恳地工作，并且以一个平凡人的身份对待骄傲的阔太太。这是安里的谦虚，亦是"宠辱不惊，看庭前花开花落；去留无意，望天上云卷云舒"的坦然。其实，生活充满了变化，这就要求我们能够以一颗平静安然的心处之。当你拥有了平常心时，你就会觉得天天都是快乐的日子。

亨利·基辛格是犹太人的后裔，他于1923年出生在德国菲尔市。1938年随父母移居美国。到了美国，亨利·基辛格一家要变成美国人那样，也并不是一件非常容易的事，语言、工作、学校，一切都是新的，不好办。亨利·基辛格的父亲发现自己原来在德国的学历到纽约后并不怎么吃香，只好凑合着当了一名办事员，这使他灰心丧气。

然而，母亲葆拉却能保持一颗平常心，尽管遭受如此巨大的打击。她仍能像往常一样保持着积极的心态。她总是对亨利·基辛格说："孩子，这些不幸没有什么大不了的。这都是上帝对我们的考验，我们不能因此而失去生活的信念。"这一点对亨利·基辛格的影响很大，以至于他在面对失败和成功时都能保持从容。

智慧的母亲教会了儿子不论遇到什么挫折，都能够保持一颗平常心。基辛格做到了，所以他骄傲地走进了举世闻名的哈佛大学，并且成为伟大的外交家。

平和的心态，是能够经得起顺境与逆境的考验，得意时不忘形，失意时不在意；成功了，叮咛自己山外有山、楼外有楼；失败了，告诫自己，失败为成功之母，在哪儿跌倒了，提醒自己就从哪儿爬起。心无大喜，亦无大悲；没有大起，也没有大落，心静如水。

23. 培养礼让的大家风范

相信不少人遇到过以下经历：拥挤的公交车上，两个人同时面对着一个空座位；人头攒头的超市里，一群顾客都在焦急地等待着结款；繁忙的大马路上私家车和公交车为先走一步正在较量……种种情况，假如当事人是你，你会怎么做？是捷足先登，还是礼让他人？

从人性的本质来说，每个人都很不愿意把机会让给别人。但尽管如此，我们还是主张礼让，主张帮助那些需要帮助的人。礼让是大家风范，礼让也是一个人有修养的表现。

生活中，为什么要礼让呢？因为人人都有自尊心，人人都有好胜心，你要联络感情，就必须处处照顾对方的自尊心，而要尊重对方的自尊心，那就必须抑制你自己的好胜心，成全对方的好胜心。如果互不相让，最后的结局可能是两败俱伤。

有这样一则寓言：

一天，一只狮子和一只老虎在一条只能让一人通过的山路上相遇，下边是绝壁悬崖。这老虎与狮子向来都自说为兽中之王，互不买账。这会儿狭路相逢，两个你看我，我看你，谁也没有退回去让对方先过去的意思。老虎心想：要是我一让开，这事被其他动物知道了，我这兽中之王不是从此威风扫地了！要是和狮子硬拼，且不说能否胜它没有把握，就是这么陡

峭的山路，只要自己一动，落地不稳就意味着自取灭亡……狮子也在想：过去你这老虎总与我争夺兽中王位，我还没好好教训你，今日狭路相逢，我岂能示弱，否则我这百兽之王的名声算是完了。

可怜这两个愚笨的家伙为了争一时之气，互不相让，最后谁也挨不住了，就放手大动干戈，才一个回合，就双双坠入悬崖之中呜呼了！有人可能会说，这是因为兽类不懂得道理，才敢如此，其实，我们生活中有好多人不也与老虎狮子相仿吗？该忍的不忍，该让的不让。逞一时之英豪，最后累及己身。

我们的生活日新月异、变化无穷，竞争也越来越激烈，但我们不要忘记也不要忽视礼让，人生之所以多烦恼，皆因于不肯让他人一步，其实，这是很愚蠢的作法。

在实际生活中，那些曲解的，不正常的人际处理和交往方式已经让我们难以承受了，大家都想尽快改变这种状态。大家真正希望的就是一种互相之间的信任和支持，与别人建立一种互动和友善的关系。其实，只要我们能够迈出真诚友善的一步，给对方一种真正的爱的感觉，对方肯定就会有所反应，你的身边也会多一些知心人，多一些可以说话的朋友。

利益的冲突是人们产生矛盾的根源。当我们和别人发生利益冲突的时候，应该多为对方想一想，互相之间都退一步。当我们以德相让、互相礼让的时候，那些可能发生的冲突就会烟消云散，大家也就很乐意跟你合作，事业发展的机会也就更多了。

从一定程度上来讲，礼让是一种双赢。"妥协是实现共同利益的最高途径"，我们只有互相都退一步，才有可能让双方的利益都得到保障。只有那些懂得珍惜、懂得礼让的人，才可能真正赢得身边朋友的心，我们人生的道路才会越走越宽。

24. 不以福喜，不以祸悲

在一定的情况下，祸事可以变为喜事，而喜事也可以变成祸事。这在每个人的人生当中都会体会到的，也许你正处于福中而乐不滋时，也许祸就有来临，所以我们在人生当中要修炼好自己，要始终保持一个淡定的心态正确面对祸福。

"祸兮福之所倚，福兮祸之所伏。"这是老子《道德经》里面的一句话。老子通过这句话想告诉我们的是，祸与福其实在对立的关系外还存在着一种相互转化的关系，老子这个道理来自于一个很古老的故事：

从前，有位老汉住在与胡人相邻的边塞地区，来来往往的过客都尊称他为"塞翁"。塞翁生性非常达观，看问题也显得与众不同。

有一天，塞翁家的马不知什么原因，在放牧时竟迷了路，没有回来。邻居们听到这一消息以后，纷纷表示惋惜。可是塞翁却不以为然，他反而劝慰大伙儿："丢了马，当然是件坏事，但谁知道它会不会带来好的结果呢？"

果然，没过几个月，那匹迷途的老马又从塞外跑了回来，并且还带回了一匹胡人骑的骏马。于是，邻居们又一齐来向塞翁贺喜，并夸他在丢马时有远见。然而，这时的塞翁却忧心忡忡地说："唉，谁知道这件事会不会给我带来灾祸呢？"

塞翁家平添了一匹胡人骑的骏马，使他的儿子喜不自禁，于是就天天骑马兜风，乐此不疲。终于有一天，儿子因得意而忘形，竟从飞驰的马背上掉了下来，掉伤了一条腿，造成了终身残疾。善良的邻居们闻讯后，赶紧前来慰问，而塞翁却还是那句老话："谁知道它会不会带来好的结果呢？"

又过了一年，胡人大举入侵中原，边塞形势骤然吃紧，身强力壮的青年都被征去当了兵，结果十有八九都在战场上送了命。而塞翁的儿子因为是个跛腿，免服兵役，父子二人也得以避免了这场生离死别的灾难。

对于祸福相依这个道理，作为北大教授、国学大师的季羡林先生是看得很透彻的。季先生年少成名，在青年时留学德国，背井离乡让他痛苦不堪，但也让他因此少去了很多因战乱而来的颠沛失所。对于祸福的问题季老曾经有过这样的论述：

吾辈小民，过着平平常常的日子，天天忙着吃、喝、拉、撒、睡；操持着柴、米、油、盐、酱、醋、茶。有时候难免走点小运，有的是主动争取来的，有的是时来运转，好运从天上掉下来的。高兴之余，不过喝上二两二锅头，飘飘然一阵子事。但有时又难免倒点小霉，"闭门家中坐，祸从天上来"，没有人去争取倒霉的。倒霉以后，也不过心里郁闷几天，对老婆孩子发点小脾气，转瞬就过去了。

我们古代有两句话说得非常好，一句叫做"否极泰来"，一句叫做"乐极生悲"。当我们人生处于低谷的时候，要向前看、向上看，看到自己还有重新站起来的机会。只要有了这样的心理，自己不气馁、不放弃，那么上天也是不会放弃我们的。

祸与福虽然对立，但却是一体的两个面，不但永远无法分开，并且还在同一个人的身上不断地翻转。因此，无论在何时，我们处于哪一端，与其苦苦纠结于趋福避祸，倒不如保持一个平和的心态来面对祸福。不强求福，也不力避祸，始终平和淡然，才能在福气来临时，不得意忘形，减少

24. 不以福喜，不以祸悲

福向祸转化的可能；在祸患来临的时候，不垂头丧气，丧失斗志，从而很快地从祸患走向福气。

在我们一生当中，福，是我们求之不得的；祸，是我们避之不及的。然而，祸福总是会和人们开玩笑，让人不可捉摸。当我们已经筋疲力尽，再也没有力量去追逐的时候，却发现"蓦然回首，那人却在灯火阑珊处"。而当我们好运连连、志得意满的时候，突然，晴天霹雳，祸从天降，一下子把我们从顶峰打落到了深谷。

所以，我们虽然想要福气，切不可强求。唯有顺其自然，保持一个宠辱不惊的心态，这样才能在祸福中安然自得。

修己

25. 乐于接受他人的批评

我们中国有个成语叫做闻过则喜，它的意思就是指一个人乐于接受他人的批评，当听到他人指出自己的错误的时候就欣然自喜。这个成语出自我国的古籍《孟子》，意思就是要告诉我们，他人的批评是好事而不是坏事。

夸耀的好话我们每个人都喜欢听，但要知道，好话除了能够让我们心情稍微顺畅之外没有任何作用，而批评的坏话则不然了，它虽然刺耳，却可以帮助我们发现身上的不足，进而改变缺点，完善自己，最终成为一个不断"自新"的人。无论是历史上还是现代生活中，那些取得了突出成就的人无不是能够听取并接受他人批评的人。

顾颉刚先生是我国著名史学家，也曾是北大的教授。除了在治学著书上面的严谨，顾先生还是位非常虚心的人。即使有如此大的成就和声望，顾先生仍然能够做到虚心接受他人的批评，哪怕是来自于他的学生。

当年，顾先生在北大教书的时候曾经针对《尚书》中尧典的十二州提出过它是受汉武帝十三州影响的论断，轰动了一时。但这一论断却遭到了先生的学生的质疑，他的学生在翻阅了大量事实之后，认为顾先生的论断并不成立。

得知了自己的学生胆敢质疑自己的学术成果之后，顾先生并没有生气，反而鼓励其学生把自己的看法完完全全地写出来。在他的学生写出了自己的论文后，顾先生给予了认可，并否定了自己先前的观点，甚至公开称：其辖熟于史

25. 乐于接受他人的批评

事，余自顾不如，此次争论汉武帝十三州问题，余当屈服矣。

虚心接受学生的批评，并改正自己的意见，顾先生的大家风范可见一斑。

生活中，我们必须要学会坦然地接受他人的批评。我们必须承认，除了少数别有用心的人的恶意诽谤攻击之外，绝大部分批评确实是针对我们的弱点和失误来的。我们应该用一种平常心来对待。

现实生活里，人们往往可以通过他人的批评来正视自己的过失，修正自己的行为。当别人诚心诚意地提出批评时，自己如果不虚心接受，反而盲目地反唇相讥，往往挫伤对方对自己的感情和积极性，甚至在两人之间筑起心理壁垒。

人非圣贤，孰能无过？我们每个人在做事或在待人处世方面，总难免有不曾发觉的死角或是一时疏忽。若在此时，有人提醒我们，我们应由衷感激。所谓朋友之道，贵在劝导，贵在善意的忠告。善意忠告是别人送给你最丰富的礼物。孔子云："良药苦口利于病，忠言逆耳利于行。""人受谏，则圣；木受绳，则直；金受砺，则利。"然而现代社会，能够直言不讳地指责他人缺点者日渐减少。

在一般情况下，大部分人都不愿意冒着使别人恼恨的危险去善意忠告别人，而都抱着独善其身的态度漠视一切。追究其原因，如果人人皆能诚恳、虚心地接受别人的善意忠告，而且人人都期待他人的善意忠告，则又会是一种什么样的景象呢？其实，真正能够苦口婆心地劝告我们、指责我们的人是谁呢？不外是父母、师长、兄弟、妻子、朋友或子女等。

总之，在人的一生中，总是蕴藏着或多或少这样那样的问题。当有人在我们出现问题的时候，及时给予我们批评或忠告，我们要提高自己的修养，来敞开接受批评的气度，一定要正视它，寻求解决之道。这才是正道。

26. 要培养中庸的生活智慧

中庸是孔子和儒家的重要思想，作为一种道德观念，它是孔子和儒家尤为提倡的。中庸就是不偏不倚的平常的道理。美国著名作家房龙说："孔子向几亿中国人传授了一种日常生活的哲理，那种哲理一直在过去几千年中影响着他们的子孙后代，并且至今如从前一样至关重要，一样可行。"

不错，孔子真诚地向我们传授着一种生活的哲理。在智者的圣言中，让我们找到了一些生活的启示，重新调整好自己与他人、社会、自然，甚至整个宇宙的关系。

中庸，在为人处世的态度方面，就是对任何人、任何事都要本着不走极端的方式，适可而止。良好的人际关系的建立就需要个人保持适中的人生态度。

现实生活中，我们由于对许多事情过于偏激，不能把握其中的分寸，而往往走向极端，把事情搞砸了。

人生来就是存在着差异性的，所以，每个人都应该根据自身情况，量力而行，适可而止，千万不可眼高手低，或走上难以回头的极端。古人说"水满则溢""过犹不及"，这是在告诫后人们，做事最好要留点分寸、留点回旋的余地，这是为人处世的一条法则。

26. 要培养中庸的生活智慧

《菜根谭》的作者洪应明有云:"居盈满者,如水之将溢未溢,切忌再加一滴;处危急者,如木之将折未折,切忌再加一搦。"就是说我们在做事上要讲求一个"度",如果掌握不了其中的"度",一旦表现过头,就会造成适得其反的结果。

"中庸"要求人们在为人上要不偏不倚,一切要做到"以和为贵",所谓"致中和,天地位焉,万物育焉"。任何人都必须与人打交道,都必须与人合作,这其中少不了合脾气、对口味的朋友、同事等等,当然也免不了会遇到一些在性格、气质、爱好,甚至于思维方式和行为方式上都格格不入的人。通常情况下,人们都会亲前者而远后者,这种极为明显的待人接物的态度,其结果往往会给生活、工作带来诸多不利。

中庸思想是一种人生的智慧。不能因为自己的好恶,就区别对待或有着明显的交往界限。对那些自以为"情投意合"的人,不能走得太"黏糊",而应该保持一定的距离,才不会因为对方而改变自己的思维和行为方式。而对那些自认为合不来的人,应该在生活、工作、学习中积极地采取接近和表现出愿意与之合作的态度,"要团结一切可以团结的力量",也就是这个道理。

在对待工作上,我们一定要谨慎,不要急躁、冒进。一般来说,如果一个人做事拖拖拉拉、拖泥带水,是无法办成的。但是,不经过仔细的思考、冷静地分析,而草率行事、鲁莽上阵,那也不可能把事情做好。"中庸"的态度就是要克制人们的偏激,要冷静地对待每一件事。

我们不可能趋同别人,也千万别奢望别人趋同你。为人,要做到"中立不倚",不偏向别人也不拒人于千里之外;做事,也要做到"居中而行",不偏激不走极端。这样就是适中的人生态度,也就是"中庸"思想的要义所在。

在与人类生活问题有关的古今哲学中,还不曾发现过一个比中庸学说更深奥的真理。这种学说,就是指介于两个极端之间的那种有条不紊的生

活。这种中庸精神，在动态与静止之间找到了一种完全的均衡。

清代学者李密庵的一首《半半歌》以艺术的方式把儒家提倡的中庸生活的理想很美妙地表达了出来：

看破浮生过半，半之受用无边。半中岁月尽悠闲，半里乾坤宽展。
半郭半乡村舍，半山半水田园。半耕半读半经廛，半士半民姻眷。
半雅半粗器具，半华半实庭轩。衾裳半素半轻鲜，肴馔半丰半俭。
童仆半能半拙，妻儿半朴半贤。心情半佛半神仙，姓字半藏半显。
一半还之天地，让将一半人间。半思后代与沧田，半想阎罗怎见？
酒饮半酣正好，花开半吐偏妍。帆张半扇免翻颠，马放半缰稳便。
半少却饶滋味，半多反厌纠缠。百年苦乐半相参，会占便宜只半。

我们生活的最高境界应该是中庸的生活。林语堂先生在《谁最会享受人生》中，深刻地剖析了中国人的生活模式，提出要摆脱过于烦恼的生活和太重大的责任，实行一种中庸式的、无忧无虑的生活哲学。林语堂先生说：我相信主张无忧无虑和心地坦白的人生哲学，一定要叫我们摆脱过于烦恼的生活和太重大的责任。一个彻底的道家主义者理应隐居到山中，去竭力模仿樵夫和渔父的生活，无忧无虑，简单朴实如樵夫一般去做青山之王，如渔父一般去做绿水之王。不过要叫我们完全逃避人类社会的那种哲学，终究是拙劣的。此外，还有一种比这自然主义更伟大的哲学，就是人性主义的哲学。所以，中国最崇高的理想，就是一个不必逃避人类社会和人生，而本性仍能保持原有快乐的人。

27. 要把好义与利这道关

孔子说:"君子懂得的是义,小人懂得的是利。"圣人告诫后人,在义与利二者之间,要舍利取利是正道。特别是商人,更要把义摆在第一位。无论是对待顾客还是商家,都要以诚相待。买卖商品时,绝不短斤少两。如果发现货质低劣,宁肯赔钱,也绝不贻害顾客。诚信不欺、以义制利,这是商人经营活动中应遵循的一个信条。

清末有一个传奇小故事:

有一个姓雷的山西商人,他爷爷在香港和英国人做了一大笔生意,后来他爷爷破产了,一直欠着英国商人的钱。

他爷爷死的时候,拿出做生意时的账单,对他的父亲说:"我欠着英国人一笔钱,如果你以后有了钱,就要按这个地址把账上的这笔钱还给他。"可是他父亲一生都没有赚够这笔钱。

他父亲临死的时候,把姓雷的商人叫到身边,讲了爷爷与英国人做生意的事,然后把账单给他,对他说:"你爷爷留下了一个遗愿,做父亲的无能,一直没有完成,现在我把这个任务交给你了。"

姓雷的商人接过账单后,铭记在心,十几年过去了,他经商发迹了,见有钱可以还账,便请了一个懂英文的人给这个英国商人写信,说:"我们家还欠你十几万英镑,由于爷爷与父亲没有赚够钱,还不了你,但是他

们死的时候都传下来了,说一旦发迹之后,要把这笔钱还给你。现在我把这笔钱还给你们,请你们回信,以便我确定汇款的地址。"

很巧的是,当时接信的人恰好是那个英国商人的孙子,他收到信之后,很是感动,马上回了信。

姓雷的商人于是按照信上的地址将钱汇过去了。

任何人都不甘愿过着贫困潦倒、流离失所的生活,都希望得到富贵,这也是人之常情,但是,取得富贵的手段正确与否,也就成了君子和小人的分界点。凭自己的本事、经过自己辛勤的劳动所得到的,就是正当的途径。以蝇营狗苟、坑蒙拐骗而得到的,则是"不以其道得之",这是圣人所不齿的,所以孔子说:"不义而富且贵,于我如浮云。"这就是真正的君子所崇尚的名利观。

《清稗类钞》记载,清代乾隆年间,有一位以经营绸缎布帛而闻名的王姓商人,当时人称"缎子王"。他的生意之所以兴隆,就在于他有一套商贾理念。他认为做生意"忠厚不蚀本,刻薄不赚钱",要想生意兴旺,财源茂盛,不仅要靠灵活的经营方法,良好的服务态度,而且更应该货真价实,市不二价,童叟无欺,要以"德"经商,来赢得市场的信誉。

在乾隆年间,一些外国使臣常来访问。一天,乾隆皇帝询问诸国使者的观感,使者们回答说:来中国以后,不仅看到士大夫知书达理,就连市井商人也很讲信用,行仁义、布公道。并指出"缎子王"就是其中一位。有一次,使者们去"缎子王"的店铺买绸缎,忘了带银两,"缎子王"很爽快地赊给他们,并备好酒菜热情款待,使得外国使者们受宠若惊,深感中国不愧为礼仪之邦。

后来,乾隆帝召见"缎子王",问他为什么能这样做。"缎子王"回答说:行仁义、布公道是为人之本,经商更应该如此。利于顾客,能赢得顾客的赞许和信任,是商人的无价之宝;顾客的良好的口碑,是商人的财源,这是千金难买的。乾隆帝听了"缎子王"的话,非常

27. 要把好义与利这道关

高兴，随即给"缎子王"表彰和重奖。此后，"缎子王"名声大振，生意也也更加红火，先后在全国各地开分店达五十家，成为名贾巨商。

宋代学者叶适说："正宜不谋利，明道不计功"，"古人以利与人，而不自居其功，故道义光明"。华人首富李嘉诚也说："就经商来说，你什么都可以没有，但不能没有诚信，只要有诚信，你就有起来的机会。"以义取利不仅不矛盾，而且是相辅相成的。"利以义制，名以清修，天之鉴也。"商谚告诫后人：不要贪一时之利而目光短浅，不要在现成利益面前丢弃了为商、为人的根本。忠诚和信义是获利的一种方式，而且是经商的天道。

现代人困惑的莫过于"天下熙熙，皆为利驱；天下攘攘，皆为利往"的传统的"义利"观，很多人都把此奉为圭臬，为取得名利的正当借口，这是十分错误的。试想如果我们不能"仁中取利，义中求财"的话，那也就不可能与他人共赢，更谈不上发展了。

相反，那种昧着良心，掺假使巧，靠"卖狗皮膏药"、"挂羊头卖狗肉"坑害顾客的做法，虽然能一时获利，但决不会得利一世，最终也会名誉扫地，身败名裂，人财两空。"将予取之，必先予之"，这个道理不光只局限在经商，就连日常生活与人交际中都应该做到，只有敢于付出和善于与他人共利，才能得到他人的信任。

任何一件事都有完成它的内在的程序，我们只能一步一步走，如果急功近利，只看到眼前的好处，就会为了获取名利而不择手段，甚至不惜铤而走险，这样，求一时之快，而将要以痛苦为代价。

孔子说："朝闻道，夕可死。"这就是人生价值的取向。绝不能为了获得那些浮名浮利而丧失甚至是践踏自己的良知，以不正当手段得到的名利，来得快，走得也快。

时刻铭记圣人对我们的教诲："君子喻于义，小人喻于利。"无论经商、从政，还是与人交往，都要以之为行为准绳，相信你会成为一个富有的人。

修己

28. 修炼自己的忍功

孔子曰:"巧言乱德。小不忍,则乱大谋。"什么叫儒家之忍。《孔子家语》中,记载了孔子对子路的一番话,对"忍"作了很好的解说。孔子说:"君子处世,要达成自己的目标,可以屈则屈,可以伸则伸。屈节是因为有所期待,求伸要把握时机。因此,虽忍耐受屈,但决不以毁坏节操为代价。要实现自己的志向,也不会拿原则做交易。"这就是"受屈而不毁其节,志达而不犯于义"。

可见,"忍"本身只是一种方法,一个过程,它是为了达到某种目的,或者被作为维持人际以及社会关系的一种必要修养:"喜怒哀乐之未发,谓之中;发而皆中节,谓之和,中也者,天下之大本也,和也者,天下之达道也。"(《中庸》)古之君子,喜怒哀乐不形于色,是个极重要的标准;把什么都写在脸上,常是浮躁的表现。

小不忍则乱大谋虽然很有些阴谋哲学的味道,但其核心就是一个"忍"字。

《说文解字》释"忍"为"能也"。能,即是一种像鹿一样的野兽,它的皮毛之下有强壮坚硬的筋骨。而"忍"字的结构从刃从心,心上有刃,它意味着内心坚毅而决绝,即能忍人所不能忍。这是一种能力,也是一种修养,更是一种韬略。重耳流亡忍苦受辱,终成晋君;范蠡献出西施助越

28. 修炼自己的忍功

灭吴，却引身而退；颜渊箪食瓢饮安贫乐道，终成孔门中最贤德之弟子；柳下惠坐怀不乱洁身自好，而为后人嘉叹；韩信负剑却忍受胯下之辱；张良圯下拾履，终登相位；苏武杖节牧羊十九年，忍常人所不能忍，而为后人楷模等等，皆是能屈能伸有所成就的好例子，"能忍耻者安，能忍辱者存。"反之，便心不能安，身难以存。

但是，是不是遇事一味忍就好呢？让我们看看孔子对于"忍"的看法和作为。

孔子说："小不忍，则乱大谋。"孔子也是讲"忍"的。忍，包括对人对己两方面。对人采取宽容、忍让态度，对己则采取克己的态度。《论语》中直接提到"忍"的地方不多，其实"忍"包含在孔子的"忠恕之道"的"恕"中，就是"己所不欲，勿施于人"，自己不想要的，不施加给别人。而要做到"恕"，就要"克己"，这就是忍。

但孔子讲"忍"是有条件的，并不是无原则的忍让迁就。《论语·八佾》记载了这么一件事：

鲁国的季氏按名分是卿大夫，却享用只有天子才能用的"八佾舞"。这在孔子看来，是严重的僭越行为，因此忿怒地说："如果这样的事都能忍，那还有什么事不能忍呢？"

可见，孔子认为这件事不应该忍，那么，什么情况下应该忍呢？

一种情况是在与恶势力作斗争时，如果自己力量弱小，处于不利境地，这时要忍。忍的目的不是屈服于恶势力，而是暂避其锋芒，不做无谓牺牲，等待时机再战而胜之。

还有一种情况，是在遇到小人的诬蔑诽谤或者纠缠时，隐忍不发，不去与小人正面冲突。这样做，也是为了不乱大谋，不使自己陷入无聊的争斗，以浪费时间、金钱和精力。

第三种情况，就是为了顾全大局，为了长远利益，需要自己忍，忍受他人的误解，忍受暂时的困境。

 修己

有这样一个故事:

张耳和陈馀都是魏国的名士。秦国灭了魏国以后,用重金悬赏捉拿这两人。两个人只能乔装打扮,改名换姓逃到陈国。一天,一个官吏因为一点小事就用皮鞭抽打陈馀,陈馀想起自己以前在魏国是多么受重用,哪里受过这样的侮辱,怒不可遏,当即想起来反抗。张耳在旁见状不妙,便用脚踩了陈馀一下,陈馀终于没吭声。

官吏走后,陈馀还怒气未消。张耳便数落他一顿:"当初我和你是怎么说的?今天受到一点小小的侮辱,就去为一个官吏而死吗?"后来,陈馀和张耳的命运截然不同:张耳成了刘邦的开国功臣,而陈馀辅佐赵王,被韩信斩首。

故事中的张耳和陈馀一个能忍一个不能忍,两人的最终命运,竟有这样大的区别。退一步海阔天空,有所忍才能有所成,有所不为才能有所为,内圣才能外王,守柔才能刚强,慈悲才能超度。

中华民族是个极具忍耐力,也极具坚韧力的民族,隐忍谦让是自古以来的美德。儒家的内圣、道家的守柔、佛家的慈悲皆是"忍"的表现。《尚书》中周成王告君陈说:"必有忍,其乃有济;有容,德乃大。"孔子的"小不忍,则乱大谋"、"君子无所争";孟子的"养浩然之气";老子的"上善若水,水善利万物而不争","天道不争而善胜,不言而善应","大直若屈,大巧若拙,大辩若讷";佛家的"六度万行,忍为第一";谚语所说"凡事得忍且忍,饶人不是痴汉,痴汉不会饶人"等等皆是中国忍文化的表现。

宋人苏轼在《留侯论》中说:"古之所谓豪杰之士者,必有过人之节。人情有所不能忍者,匹夫见辱,拔剑而起,挺身而斗,此不足为勇也。天下有大勇者,卒然临之而不惊,无故加之而不怒。此其所挟持者甚大,而其志甚远也。"可见,忍是一个人在谋求长远发展过程中的一个重要修身点。

29. 开卷有益，多读些书

孔子曰："学而时习之，不亦说乎。"亦云："其为人也，发愤忘食，乐以忘忧，不知老之将至云尔。"又说："饭疏食饮水，曲肱而枕之，乐亦在其中矣。"足见孔子对学习的热爱程度。他告诫后人学习是一件快乐的事情。在孔子看来，快乐学习和实践，才是走向成功的最重要资本。

孔子人生最大的乐趣，便在于学习与教学。《论语》第一篇《学而》的第一章，就强调努力学习的重要性。此外《孟子·公孙丑》也提到孔子曾说："圣则吾不能，我学不厌而教不倦也。"表示学习与教学是他永不厌倦的两件事。

关于孔子谈论学习经验的篇章，在《论语》全书中可说俯拾即是，例如《为政·四》中，孔子说他"十有五而志于学"，在《述而·十八》更提到，自己"发愤忘食，乐以忘忧，不知老之将至"，因为喜欢读书，常忘记吃饭、睡觉，甚至连自己快老了也不知道。

后世有学者认为，《论语》的编纂者将《学而》篇列为诸篇之首，便是要强调"学习"是《论语》的根本，其用心可谓深远。历代儒家也常引申这段话，宋朝的程颐便解释，学的人要实行其所学，习的人不断在脑海中寻绎，如此就能心生愉悦。

学习是人天生的一种本事，人通过学习才能唤醒潜能，并在学习与进

步的过程中享受快乐。善于学习的人，就会增大成功的概率，自然，这也是人生最大的一种快乐！

有这样一个故事：

一位百万富翁与一个穷光蛋打赌，富翁说：我担保你忍受不了20年的囚禁生活，如果你赢了，我愿意把所有的家产给你。穷光蛋答应了。于是，他住进一间小屋，屋子没有锁，他随时可以出来，但只要踏出房门一步，就算输了。他可以得到生活必需品，但无法和外界联系，唯一可做的只有读书。

开始几年，那个被囚禁的人是痛苦的，后来，他渐渐平静下来，阅读的书数量和种类也越来越多。最初，他读的多是一些通俗的小说戏剧，但到了后来，他阅读的都是各门学科最高深、最尖端的著作。

时光流逝，明天就是两人打赌的最后期限。富翁看到自己败局已定，既后悔又害怕，他不甘心这样丧失自己的所有财产，于是，他想在夜里去杀了自己的对手。到了小屋里他才发现，小屋是空的，桌上放着一张纸条，他的对手自愿放弃了唾手可得的赌注，因为"这20年来，读书已经使我成为世界上最富有、最幸福的人"。

所谓学习，说白了就是把别人的东西变成自己的东西，这东西包括知识、经验和技能等。人为什么学习更易成功呢？那是因为你感到学到了别人成功的东西，经过你的体悟和实践之后，也会给你带来成功的结果。

记得有这样一段意味深长的、颇具哲理的话："人和其他动物的不同点就是由于他的未完成性。事实上，他必须从他的环境中不断地学习那些自然和本能所没有赋予他的生存技术。"这段话说的就是：人为了生存和发展，不得不终生学习，不停地使自己变成一个"人"。其实，我们每个人一生的成长就是一个长期学习的过程，从呱呱坠地之日起，我们就在不断地学习，也是在学习中不断地成长，从家庭步入学校，又从学校步入社会，无不是学习的结果。

29. 开卷有益，多读些书

曾国藩有云：以读书改变气质。他在给次子曾纪泽的书信中说：人之气质，由于天生，本难改变，唯读书则可以变其气质。古之精于相法者，并言读书可以变换骨相。欲求变化之法，须先立坚卓之志。

气质本自天赋，虽父兄亦不能改变子弟。但曾国藩认为读书可以改变气质。人的性格与学问两者是相互影响的，这点在曾国藩身上表现得非常清楚。曾国藩认真总结了自己一生之所成，深刻认识到：世上最重要的一件事就是读书，即学养。读书不仅给人知识，也锤炼了人的精神和灵魂。

他上京参加科举考试，名落孙山，盘缠几乎用尽，好不容易向同乡借了一百两银子充作回乡路费，却在一家书店看见一部《二十三史》，这套书他爱不释手，终于倾囊而出，买下了那套书，转身把自己的衣物全部送进了当铺，换来点钱回家。

从此，曾国藩闭门不出，发愤读书，并立下誓言："嗣后每日点十页，间断就是不孝。"曾国藩发奋攻读一年，这部《二十三史》全部阅读完毕，此后便形成了每天圈点史书十页的习惯，一生从未间断，一部《二十三史》烂熟于胸。这样，自京师会试以来，曾国藩养成了对古文和历史的爱好，为以后广泛地研究学术问题，总结历代统治者的经验教训，参与治理国家和社会打下了基础。所以，他后来回顾自己的读书治学过程时说："及乙未到京后，始有志学诗、古文并作字之法。"

曾国藩于读书学习尤为可贵的是把它作为一生之事，相伴终生。

培根说："人必须通过学习来塑造气质，正如同树木须经修剪始能成形。"充分利用一切时机，努力摄取知识，这是使人知识广博的唯一途径。广博的知识，可以使人们胸襟广阔、开通，不至流于狭隘、鄙陋。知识广博的人能够从多方面去接触更多的领域，丰富人生；这样的人多是兴趣广博的人，也是一个快乐的人。

古往今来，仁人志士无不热爱读书，可以说，对书籍的热爱是成功人士的共同特征。

修己

宋太宗在位时曾命臣子编纂一部大型百科全书《太平总类》，宋太宗非常关心这本书的进度，每天都要亲自阅读三卷，有时因国事繁忙来不及，次日一定补上，因此此书后改名为《太平御览》。有臣子觉得皇帝日理万机、政务繁忙，又要每天读这本大书，劝他少看一些，宋太宗回答说："开卷有益，朕不以为劳也。"风行草偃，宋太宗喜欢读书，臣子纷纷效法，就连读书不多的宰相赵普也勤读《论语》，他曾对宋太宗说："臣有《论语》一部，以半部佐太祖定天下，以半部佐陛下致太平。"也因此有了"半部《论语》治天下"的说法流传后世。

学习是一个人成长的阶梯。只有具备了终身学习的习惯，才能取得傲人的成就。成功始终都来自于辛苦劳动和坚韧的毅力，成功不能通过欺骗和贿赂来获得，谁付出了代价，谁就能拥有它。令人遗憾的是，那些本来能力很强的人由于错过了自我提高的学习机会，结果，落得和弱智、平庸的人没什么两样。

只要你不去学习，任何有用的东西都会离你而去。能力不会注定属于我们。如果我们不利用我们的能力去做出一番事业的话，它就会告别我们。因此，每位立志成才的青年要有终身学习、不断进步的意识；要活到老，学到老，要充实、快乐而又健康地过一辈子。

30. 忠信笃敬，走遍天下

诚信的作用，在古代就被人们重视。在孔子的时代，从大的方面说，周天子属下各国之间举行会盟、订立合约，都有一套完整而严谨的程序，国君为了保证合约的实施或表示自己的可信任，有时会将自己的儿子（一般是作为君位接班人的长子）作为人质抵押到对方国家，直到约定的内容完成。而小的方面，平民百姓之间或官府与百姓之间的相互取信，都是自然而然的。

近代学者蒋伯潜区分"信"有二层意义："说话必须真实；说了话必须能践言。"

孔子的弟子曾子为子杀小猪的故事，千古引为诚信佳话，史称"曾子杀彘"。

有一天，曾子的妻子准备到市场赶集，可是孩子在一旁哭闹着要跟去，于是哄骗他乖乖待在家，回来会杀猪给他吃。等到她回家后，看到曾子真的准备杀猪，便对他说不过骗骗小孩而已，何必当真，曾子说："现在你哄骗他，就是教孩子骗人啊！"于是曾子真的把猪给杀了。

东汉许慎在《说文解字》中如此解释："信，诚也。从人从言，会意。"也就是说，当初造字时以"人言"为信，表示人言即可信，人从口中说出的言语便是承诺，与孔子的理想并无二致。

而关于"信用","季札挂剑"、"徙木立信"都是春秋时代诚信的代表。

"季札挂剑"的故事叙述了吴国人季札到北方拜见徐国君主,徐君很喜欢他的剑。由于季札必须继续出使其他国家,因此未能送给徐君,但内心已决定赠剑。等所有出使完毕后,他再次经过徐国,不料徐君已死。季札不违背内心所做的承诺,把剑挂在徐君坟前,然后离去。

"徙木立信"说的是商鞅变法的故事。商鞅受秦孝公重用,实行两次变法。但变法之初,人民并不相信政府,因此他想出"徙木立信"的策略。商鞅把一根三丈高的木头竖立在秦国都城南门前,然后张贴公告,"如果有人能把这根木头搬到北门,就赏十金",然而却没有人去尝试。商鞅又下令把奖赏加至五十金,于是真有人把木头从南门搬到北门去,商鞅"履行诺言"把五十金赏给此人。由此,老百姓知道商鞅说到做到,之后都不敢怀疑他所颁布的新法令,商鞅变法也得以顺利推行。

言必信,行必果。以诚信作为人生的准则,就享有了一种无形的资本,这样的人去做事情总比一般人会多几分成功的可能。

何谓"诚信"?诚信,即是诚实守信,是做人之本,社会之基。诚信是人们在纷繁复杂的社会中不可缺少的品质。每个人都要讲诚信,否则,就不会有成就。商人做生意要守信,宁可赔钱、蚀本,也不能失信于人。有些人为了赚钱,不惜以次充优、滥竽充数,结果失去了经商最重要的信用,也就失去了与其他人竞争的资格,生意当然无法再做下去。所以,只有稳扎稳打,诚实守信的企业才能赢得信任,赢得成功。

"人无信不立,业无信不精,社会无信则乱。"诚信,给事业的成功奠定了坚固的基础,给成长的回忆涂上了金子般的色彩,给追逐梦想的人插上了飞翔的翅膀。正是因为有了诚信,才有了竞争,才有了人与人之间的相处,才有了生活中的乐趣,才有了世间的光明与发展。所以,有了诚信做保障,人与人才能相处得更加融洽。

30. 忠信笃敬，走遍天下

不论在生活上或是工作上，一个人的信用越好，就越能成功地打开局面，做好工作。同时也能更好地驾驭众人。所以，你必须重视你自己所说的每一句话，生活总是照顾那些讲话算数的人，食言是最不好的习惯。如果这样，你就无法取信于人，更无法管理威慑众人。

不管你在什么情况下办什么事，总要对自己所说的话负责。你用自己的行动来说服别人的异议，让他们看到你所做的一切都是为了他们的利益。这样，你就给人一个可信的面孔，接下来你的工作就顺利多了。

不过，在一般情形下，或者说在正常的社会环境下，孔子的话当然是不错的，一个人没有忠信笃敬的品质，就会缺乏专注、进取的精神，很可能一事无成，自然也就无所谓通达了。但在特殊的社会环境下，尤其是处于尔虞我诈的现实之中，一味地忠信笃敬，不多一个心眼，做到知己知彼，那也是很容易上当受骗，落入他人所设置的圈套之中的。

所以，我们一方面确实要记住圣人的教导，把"忠信"这几个字作为我们的座右铭。但另一方面，面对复杂多变的社会现实，也要多长一个心眼，在忠信的基础上来一点通权达变，不要愚忠，不要小信，以免成为，"言必信，行必果"的"硁硁然小人哉！"

修己

31. 做人做事，要讲个"度"

人生的智慧，你可以道出千条万条，但是最重要的一条就是"凡事皆有度"。

"度"是一定事物保持自己质和量的限度，是和事物的质相统一的限量。任何度的两端都存在着极限或界限，而超出这个范围，事物的性质就会发生变化。水的沸点是100℃，水的凝固点是0℃。从0℃到100℃是水的温度范围，过了这个度，水要么变成了水蒸气，要么变成了冰。

"度"是一个大学问。古今中外的仁者、智者、贤人、哲人在他们的学说中都有对"度"的论述。马克思主义哲学中的辩证唯物主义讲"度"，量变到质变；儒学讲究中庸，不偏不倚；老子主张顺其自然；佛学谈心理平衡；达尔文谈适者生存。可见，恰到好处是我们做人做事的一个很重要的方略，也是维系我们一生能否幸福、快乐的法宝。如何守"度"不是人生小技巧，也是人生的大修养。

人生活在"度"中。人最大的追求是自由。一旦失去了自由，他还有幸福和快乐可谈吗？他还能有所作为吗？但是，自由是相对的自由，过度的自由就会失去自由。做人做事，为人处世也有一个"度"的问题。"度"的这一边可能是一片灿烂，而"度"的那一边却可能是乌云密布。列宁曾说："只要再多走一步，仿佛是向同一方向的一小步，真理就会变为错

31. 做人做事，要讲个"度"

误。"若不及，则真理就不会全面；而过了，超过了适度的范围，真理就会变成了谬误。也就是说，真理和谬误只是一步之遥。

日常生活中的"度"，几乎处处可见。

比如，说话就要讲究分寸和尺度。话不可不说，也不可多说。古希腊哲人苏格拉底就说过：人有双耳双目一口，那就应当多看多听慎言。因为言多易失。同样，开玩笑是人际关系的一种润滑剂，但也要掌握好"度"，一旦过度必定会伤感情。虽然幽默的言谈令人快乐，但一过了度也就变成了庸俗或尖刻。

再比如，喝酒。朋友们聚在一起喝点酒，聊聊天，交流信息，增进感情，本是人生一件快事。但饮酒一过度就出事了，轻者出洋相，重者伤和气，更有甚者伤身体、误正事。

还有，我们的周围有很多人，为了自己的事业而不懈地奋斗着，最终因透支自己的健康而英年早逝。这样的例子有很多。其次就是有些人为了奋斗，而成了"男强人"或者"女强人"，其事业可谓辉煌腾达，但因长期不顾家，亲情渐淡，最后导致家庭破裂、子女失教，这能算是完美吗？这样的完美就是一种伤害，也是一种失"度"的行为。

所以，无论是做人还是做事，都要讲究一个"度"字，把握好这个"度"。

有人认为，立志是人生智慧。大志酿就气魄，大志磨就意志，大志练就恒心，志向存于高远方成大器。但是，立志也需有"度"。大志过于具体就会遭受挫折，大志脱离实际便是好高骛远。立志要"量体裁衣"，否则便是空中楼阁。

有人认为热情是人生智慧。人际关系离不开热情。但是，热情也有"度"。你的热情太高了会灼伤人；你的热情太低则会冷漠人。该加温而没有加温，会使你的人际关系发生"断路"，该降温而加温的会背离意愿。只有把握了"度"，幽默才不会油滑，坦诚才不会粗率，谦虚才不会虚伪，

活泼才不会轻浮，谨慎才不会拘泥……

有人认为读书生智慧。书籍是知识的海洋，读书使人进步，这是不争的事实。读书也有"度"。书不可不读，书又不可滥读。书不可不信，又不可全信，"尽信书不如无书"。读书并非都是多多益善。郑板桥说："读书数万卷，胸中无适主。"老子曰："少则得，多则惑。"哲学家伏尔泰甚至说："浩瀚书海使人愚蠢。"

我们身边处处有"度"。"度"并不损害你的人生，反而使你的人生过得更好。遵守法度的人，才能平安度过人生，才有和谐的人际关系，才有合适自己的成长环境，命运之神才会光顾。

人的一生不能不研究"度"，不遵守"度"。苛求完美，往往使我们离完美更远；苛求细节，往往会把我们逼向钻牛角尖；苛求幸福，往往最先伤到的是自己……什么是最好？恰当才是好，守"度"才是福。

32. 修心，把心放大

让我们读一则赵朴初先生写的一首《宽心谣》，读来发人深省：

日出东海落西山，愁也一天，喜也一天。
遇事不钻牛角尖，人也舒坦，心也舒坦。
每月领取养老钱，多也喜欢，少也喜欢。
少荤多素日三餐，粗也香甜，细也香甜。
新旧衣服不挑拣，好也御寒，赖也御寒。
常与知己聊聊天，古也谈谈，今也谈谈。
内孙外孙同样看，儿也心欢，女也心欢。
全家老少互慰勉，贫也相安，富也相安。
早晚操劳勤锻炼，忙也乐观，闲也乐观。
心宽体健养天年，不是神仙，胜似神仙。

这首歌谣对生活中的待人接物、为人处事、贫与富、愁与欢、对吃穿、对晚辈等，都作了朴实而深刻的阐释。《宽心谣》字面上是写给老年人的，而实际上也是写给社会上每一个人的，作为一个渺小的个体，我们需要以平常心来善待自己。《宽心谣》不仅能使人多一份宽心，少一份浮躁；多一些喜悦，少一些烦恼；还能使人们的心灵受到净化，胸怀博大。反观人生，我们活在世上不就是为了活得快乐幸福吗？尽管生活也少不了

烦恼,没有烦恼,快乐也就失去了意义。有些人觉得烦恼、不爽、愤愤不平,是因为他们的心量不够大,需要我们修炼自己的心胸。

著名童话大师安徒生有一篇童话,叫《老头子做的事总是不会错的》,故事大致如下:

有一对清贫的老夫妇住在乡村里。有一天,他们想把家中唯一的一匹马拉到集市上换点更有用的东西。老头子牵着马来到集市上,他先与人换得一头母牛,又用母牛换了一只羊,再用羊换来一只肥鹅,又把鹅换了母鸡,最后用母鸡换了一口袋烂苹果。在每一次交换中,他都想给老伴一个惊喜。

当他扛着大袋子来到一家小酒店歇息时,遇上了两个英国人。闲聊中他谈了自己赶集的经过,两个英国人听后哈哈大笑,说他回去准得挨老婆子一顿胖揍。老头子坚称绝对不会,而且他敢打赌,自己的老太婆会喜笑颜开。两个英国人就用一袋金币和老头打赌,说如果他回家不受老伴任何责怪,金币就归他。于是三人一起来到老头子家中。

老太婆见老头子回来了,非常高兴,跑过来拥抱他。老头子毫不隐瞒,将换东西的过程一一讲来。老太婆兴奋地听着,每听到老头子用一种东西换了另一种东西时,她都充满了对老头子的钦佩,十分激动地予以肯定:

"哦,我们有牛奶喝了!"

"羊奶同样好喝,还可以剪羊毛织羊毛袜子!"

"哦,我们可以在冬至那天吃烤鹅了!"

"哦,我们有鸡蛋吃了,或者养一群小鸡。"

最后,听到老头子背回了一袋子已经开始腐烂的苹果时,她同样不愠不恼,大声说:"我们今晚就可以吃到苹果馅饼了!"

英国人就这样输掉了一袋金币。

童话毕竟是童话,现实生活中谁要是摊上这么一个傻冒儿的老公,不

100

32. 修心，把心放大

疯掉，也得气个半死。但生气有什么用？你的傻冒儿老公已经把骏马换成了烂苹果，对着一堆烂苹果生气，是丝毫改变不了现实的。最重要的一点，你要明白他是为了给你一个惊喜，尽管这个惊喜实在让你吃惊。他的美好的动机是无价的。全世界所有的骏马也抵不上一颗为你的心。你应该理解，应该重动机，轻结果，然后找个恰当的机会巧妙地告诉老公——下次可别这么干了，我受不了这样的刺激！否则的话，老公给你一个"惊喜"，你却给他一顿臭骂，接下来肯定是一场战争。战争多了，指不定鹿死谁手。

不容忽略的是，追根溯源，问题是出在了老头子身上。每个人都应该学会宽容，只靠一部分人的宽容，世界是和谐不了的。宽容和忍耐一样，都是有限度的。包括那个说老头子什么都是对的老婆子，她也未必哪里都对。她只是善于从不幸中寻找有幸，善于发现或者说给予别人闪光点而已。让别人都闪光，你的生活就是星光大道，光明无限。

修己

33. 培养吃亏的素养

在人生的选择过程中,我们总会面对自己可能损失的利益。如果我们懂得"吃亏"的处世之道,就不会因为个人利益的得失而心升烦恼和犹豫。在适当的时候我们要让出自己的一份权利和利益,这种放弃、给予、"吃小亏",往往能体现一个人的大气度的素养,同时也能达到更高的目标。

琳刚从学校毕业后就进入出版社做编辑。刚进单位时,因为是新人,所以经常受别人的指派。有时候会被派到发行部帮忙,有时候又会被派到业务部帮忙,琳刚开始心里也很委屈,认为自己是一个编辑,为何天天像个苦力一样干这种粗活儿,但是她又无可奈何。

她在发行部帮忙包书、送书;到业务部,又参与各种直销工作,甚至连取稿、跑印刷厂、邮寄等本不属于她分内的工作,都有人让她去做。后来,渐渐地,晓琳摸清了出版社的整个业务的流程,各种工作都得心应手。

两年过后。她凭借自己各方面的实力,成为出版公司的业务精英,薪水也上升了好几倍,没想到当时吃的"亏"竟让自己占到了个大便宜。

这位编辑表面上看似吃了"亏",实则是占到了大便宜。所以,在生活中,当我们因为吃亏而心生怨恨或烦恼时,一定要及时改变想法,将吃亏当做一种机会,将它看成一种快乐的事情,最终你会得到意想不到的收获。

在很小的时候,家长就告诉我们不要占别人的便宜,但也不要吃亏,

33. 培养吃亏的素养

否则，会被别人看成是"傻子"，其实，长大后才明白，事实并非如此，吃亏反而会得到意外的惊喜。

从客观的角度说，一个人只要愿意吃小亏，日后必有大"便宜"可得，也必成"正果"。那种事事要占便宜不愿吃亏的人，只会使自己的路越走越窄，也很难有大便宜到手。这也是被许多历史经验和先人后事所证明了的。

东汉时期，有一个名叫甄宇的在朝官吏，时任当时的太学博士。他为人极为忠厚老实，遇事也很懂得谦让。他每天都乐呵呵的，官吏都愿意与其接近。

有一次，皇上将一群外番进贡的活羊赐给了在朝的官吏，要他们每人领一只回家。

在分配活羊时，负责分配的官吏犯了愁：这群羊大小不等，肥瘦也不均，如何分才让群臣们没有异议呢？

皇上让大臣们献计献策，这些羊到底如何分才算合理。

有的大臣说："可以将羊全部都杀掉，然后肥瘦搭配，人均一份。"也有人说："干脆大家抓阄，抓到哪只是哪只，全凭个人运气。"

就在大家七嘴八舌争论不休之时，甄宇站了出来，说："分只羊不是极简单的事情吗，依我看，大家随便牵一只不就可以了吗？"说着，自己便从中牵走了最瘦小的一只。

看到甄宇这样做，其他人也不太好意思牵最肥壮的，于是，大家都挑最小的羊开始牵。很快，羊被分完了，大家都没有任何怨言。

皇上看到甄宇如此大度，就当即赐予他"瘦羊博士"的美誉。不久后，在群臣的共同推举下，甄宇又做了太学博士院的最高官员。

从表面来看，甄宇牵走了那只瘦小的羊是吃了亏，但是，他得到了皇上的器重和群臣的拥戴，实则是占到了大便宜，正所谓"吃亏是福"。一些聪明的人遇到事情是不会去斤斤计较的，而是能够成功地运用吃亏的智慧，得到更多的"福分"。

34. 宽容——不可或缺的生活态度

一个人若心存报复,自己所受的伤害就会比对方更大。报复会把一个好端端的人驱向疯狂的边缘,报复还会把无罪推向有罪。据有关方面介绍,现在很多的刑事案件就是因报复而引起的。因此,宽容才是拯救心灵的天使,宽容是最好的护身符。

一位画家在集市上卖画。不远处,前呼后拥地走来一位大臣的孩子,大臣在年轻时曾经把画家的父亲欺诈得因心碎而死去。这孩子在画家的作品前流连忘返,并且选中了一幅,画家却匆匆地用一块布把它遮盖住,并声称这幅画不卖。

从此以后,这孩子因为心蹒而变得憔悴。最后,他父亲出面,表示愿意付出一笔高价。可是,画家宁愿把这幅画挂在自己卧室的墙上,也不愿意出售。他阴沉着脸坐在画前,自言自语地说:"这就是我的报复。"

每天早晨,画家都要画一幅他信奉的神像。这是他表示信仰的惟一方式。可是现在,他觉得这些神像与他以前画的神像日渐相异。这使他苦恼不已,他不停地寻找原因。然而有一天,他惊恐地丢下手中的画,跳了起来:他刚画好的神像的眼睛,竟然是那大臣的眼睛,而嘴唇也是那么的酷似!

他把画撕碎,并且高喊:"我的报复已经回报到我的头上来了!"

34. 宽容——不可或缺的生活态度

哲人说:"宽容忍让能换来甜蜜的结果。宽容和忍让是消除报复的良方。你带上这个'护身符',保你一生平安。"用宽容做护身符,可以减少我们与人产生摩擦的机会,也不至于使自己陷入孤立。

生活中度量最为重要,宽容乃是人类性格的空间。懂得宽容别人,自己的性格就有了回旋的余地,不容易发脾气、闹情绪,当面不跟别人起冲突,这些都是宽容所带来的正面力量。

小张和他的朋友都在一家公司打工。在一次小小的失误中,小张被这位担任领导的朋友扣除了20%的工资,还成了"典型人物",所以小张非常气愤,这件事便成了他的一个心结。在以后的工作中,不管他的朋友怎样努力地想消除从前的误会,小张都固执地不理睬。但渐渐地,他开始发觉,   会在同事生日会上小心翼翼地留一块蛋糕给加班加点的他;在端午节会为他   苦心地包两个粽子;在炎炎夏日会在他的办公桌上放几颗鲜红的大桃;还为他   桌子……就这样,像春风化雨般的温情终于感动了他,在经过深思熟虑之后,他与这位朋友重归于好,从此,公司里就多了一对好兄弟,他们的友谊也更深了。

宽容能为我们创造宽松的生活空间,宽容是消除人际关系紧张的缓冲剂,是一种人际和谐相处的妙法。宽容是我们在日常生活中不可缺少生活智慧。懂宽容的人,都是生活的智者。

可是,在我们的现实生活中,不懂宽容的人太多了,他们心胸狭窄,他们常会为一点点鸡毛蒜皮的小事,甚至一句闲话,坐卧不宁、茶饭不思、情绪紊乱,甚至于自杀的也大有人在。这都是他们缺乏大肚胸怀造成的。因此,我们要学会改变自己的心态,一旦宽容别人之后,我们往往会经历一次巨大的改变。眼界开阔了,心也平和了,生活也快乐。

35. 牢骚满腹要不得

有这样一个故事：

有一个老奶奶开着一处小店。每当有牢骚满腹、喋喋不休而出名的顾客来到她老人家的小店时，她总是不管孙女在做什么都会把她拉到身边，神秘兮兮地说："丫头，来，进来！"当然孙女都是很听话地进去。

老奶奶就会问她的主顾："今天怎么样啊，托玛斯老弟？"

那人就会长叹一声："不怎么样。今天不怎么样，赫德森大姐。你看看，这夏天，这大热天，我讨厌它，噢，简直是烦透了。它可把我折腾得够呛。我受不了这热，真要命。"

老奶奶抱着胳膊，淡漠地站着，低声地嘟囔："唔，嗯哼，嗯哼。"边向她的孙女眨眨眼。

再有一次，一个牢骚满腹的人抱怨道："犁地这活儿让我烦透了。尘土飞扬真糟心，骡子也有脾气不听使唤，真是一点也不听吆喝，要命透了。我再也干不下去了。我的腿脚，还有我的手，酸痛酸痛的，眼睛也迷了，鼻子也呛了，我再也受不了了！"

这时候老奶奶还是抱着胳膊，淡淡地站着，咕哝道："唔，嗯哼，嗯哼。"边看着孙女，点点头。

这些牢骚满腹的家伙一出店门，老奶奶就把她的孙女叫到跟前，不厌

35. 牢骚满腹要不得

其烦地对她说:"丫头,每个夜晚都有一些人——不论是黑人还是白人,富人还是穷鬼——酣然入眠,但却一睡不起。丫头,看那些与世永诀的人,温柔乡中不觉暖和的被窝已成为冰冷的灵柩,羊毛毯已成为裹尸布,他们再也不可能为糟天气或倒霉事去抱怨唠叨上5分钟或10分钟了。记着,丫头,牢骚太盛防肠断。要是你对什么事不满意,那就没法去改变它。如果改变不了,那就换种态度去对待,千万不要抱怨唠叨!"

牢骚满腹的人给人感觉是一种没有修养,没有自制力的一种表现。在我们身边总能见到一些牢骚满腹的人。在工作上,他们抱怨上司不公平、待遇不佳、工作太多、同事不合作等;在生活上,他们又抱怨物价太高、小孩不乖、身体不好等;还有一种是对社会的抱怨,总是愤世嫉俗,对不公平之事极度不满。殊不知,正是他们用这种心态来面对世界,他们的世界才会变得如此糟糕。

现代人都生活在一种很大的压力之中,有些时候,遇到不顺心之事,感觉抱怨一下,好像能得到一种缓解,并且有益于身体健康,但每回都听你的抱怨,便让人不耐烦。

——别人没有听你抱怨的义务,你的抱怨如果与听者毫无关系,会让对方不耐烦。如果你经常抱怨,下次看见你便会躲得远远的。

——有问题才会抱怨。如果你抱怨的都是一些很小的事情,而且天天抱怨,那就会给人一种"无能"的印象。一个能干之人如果因为爱抱怨而被人当做"无能",那不是很冤枉吗?

——如果你时常抱怨别人,那么你会被认为是个不合群,人际关系有问题的人,否则为什么别人不抱怨?

——对工作的抱怨如果言过其实或无中生有。那么不仅听的人不以为然,不同情你,反而会抵制你,连上司也会对你表示反感。

——抱怨也会使自己的情绪恶化,看什么都不顺眼,使自己陷入一种自己制造出来的情境之中。

——经常抱怨也会变成一种习惯，遇到压力或不如意之事，便先抱怨一番，这是最可怕的事。

——抱怨会影响其他人的情绪，让不明真相的人心理产生波动，这会破坏工作场所的气氛，而你这种行为也必将受到周围人的指责。

因此，抱怨绝不是好事，它不会为你带来多少正面的效益，反而让你的心情越来越坏。其实很多时候，我们在抱怨生活，觉得生活乏味无趣，是因为我们太苛求生活了，在我们心目中总是对生活提出太高的要求，不肯接受生活真实的面目。只要我们摆正心态，告诉自己生活本来就是如此，有苦有甜，那么我们就会变得充实和乐观起来。

36. 修炼快乐工作的好心态

美国哈佛大学曾经作过一个有趣的心理调查，调查人员给一位调查对象打电话，提出一个最简单的问题：

"请问您现在在做什么？"

"我在上班。"

"请问您上班的感觉如何？"

"枯燥乏味，毫无乐趣。"

"那么您觉得干什么更有趣？"

"下班以后，我可以和同事一起去酒吧，那里最有趣也最快活。"

过了两个小时，调查员又打电话给他："请问您现在在做什么？"

"我和同事在酒吧喝酒。"

"怎么样，现在感觉好多了吧？"

"好什么啊！虽然喝了很多酒，还是没劲。大家谈论的都是些无聊的话题，我想还是去找女朋友好些。"

过了一个小时，调查人员再次给那个人打电话："您现在和女朋友在一起吗感觉怎么样？"

"别提了，简直令人无法忍受。一位女同事打电话来问一件工作上的事，她竟然怀疑我有外遇，不依不饶地盘问我，真是烦死人了。我现在就回家休息。"

到了午夜，调查员又把电话打到那个人的家里。他拿起电话没等调查员问话就烦躁地说："你不用问了，没意思极了。电视几十个台竟然没有喜欢的节目，杂志全看完了，光碟也看了个遍，真不知道干点儿什么好。仔细想想，还是上班的时候最开心，和同志们一起工作的时候最有趣。明天开始要努力工作，并且尽情享受工作中的快乐。"

人之初，并不是为了工作而来到这个世界。但为了在这个现实的世界过上美好的生活，我们必须坚持不懈地工作。许多人都把工作看做是苦差事，尤其是干自己不喜欢的工作，更近乎是一种折磨。然而，你想过没有，一旦没有任何事情可做的时候，你不仅不能感受到愉悦，反而会感到更加痛苦。爱尔兰作家巴克莱说："幸福有三个不可或缺的因素：一是有希望，二是有事做，三是有人爱。"有事做不是造成不幸的因素，而是使我们幸福的一个不可或缺的要素。当一个人全身心地沉浸在自己所热爱的工作之中时，就会感到前所未有的兴奋与满足，这就是一种幸福。

无论从事哪种工作，都能找到兴趣和满足。一个农妇，一个猎人，尽管他们不认识多少字，对外面的世界也知之甚少，但他们仍能从自己的劳动中获得乐趣。如果剥夺了他们劳动的权利，他们会感到痛苦。

不管你处于何种职业，你仍然可以继续心怀梦想，朝着既定目标奋斗；况且，无论是成功的职业生涯，还是平凡的职业生涯，都可以快乐或不快乐，关键是你工作着，是否快乐着！

工作的最高境界就是快乐工作，现代上班族最流行的生存方式就是把爱好与工作合而为一。对全美成功人士的一次调查得出的结果令世人羡慕：美国成功人士的94%以上都做着他们最喜欢的工作！他们工作着，快乐着，快乐工作的人没有理由不出成果。

我们应该把工作当成充满热情的体验，尽管中间会出现工作倦怠和职业枯竭等逆境的困扰，但这只是暂时的，阴霾终将过去，阳光依然绚烂。工作并快乐着，生活随心所欲而不逾矩，只要你秉持本色，快乐工作，善待自己，礼待他人，你会发现工作着的每一天都可以如此快乐。

36. 修炼快乐工作的好心态

人生是一个漫长的旅程，工作是旅程中必不可少的内容，占据了生命三分之一的时间，只有快乐地工作，才能在生命的旅程中找到更多的快乐。

没钱人在工作，有钱人也一样的工作，甚至是那些大富翁也一样的在工作。因为工作是人的一种需求。

比尔·盖茨的财产净值大约是 466 亿美元。如果他和他太太每年用掉 1 亿美元，也要 466 年才能用完这些钱——这还没有计算这笔巨款带来的巨大利息。那他为什么还要每天工作？

斯蒂芬·斯皮尔伯格的财产净值估计为 10 亿美元，虽不像比尔·盖茨那么多，不过也足以让他在余生享受优裕的生活了，但他为什么还要不停地拍片呢？

美国威亚康姆公司董事长萨默·莱德斯通在 63 岁时开始着手建立一个很庞大的娱乐商业帝国。63 岁，在多数人看来是尽享天年的时候，他却在此时作了重大决定，让自己重新回到工作中去，而且，他总是一切围绕威亚康姆转，工作日和休息日、个人生活与公司之间没有任何的界限，有时甚至一天工作 24 小时。他哪来这么大的工作热情呢？

诸如此类的例子还有很多。这些拥有了巨额财产的富翁，不但每天工作，就是那些退休的百岁老人，也是在不停地工作，因为他们把工作当作人生美好的享受。

有一则"美国 101 岁老大仍在快乐工作"的新闻这样写道：

101 岁老戈登当选 2010 年度"美国杰出最老工作者"，在位于林肯的内布拉斯加州议会大厦受到了奖励。

戈登工作长达 84 年，如今仍在州议会工作，担任助理警卫官。每年州议会开会期间，她都要协助日常安检工作。任助理警卫官之前，她曾为 3 任州长担任秘书。戈登还当过法庭书记官、零售店店员、广告从业人员。56 岁时，戈登甚至当起了职业模特。

戈登是俄国移民后代，她把自己的长寿秘诀归功于饮食健康、坚持锻炼、保持快乐情绪和幽默感。"人们问我为什么不把自己的经历写本书，"

修己

戈登说,"每个人都有自己的故事。我喜欢听人们讲故事,因为每个人都经历过很多事。我并非独一无二,只是活得长,而且一生都在工作。"

无论是那些拥有了巨额财产的富豪们,还是那些已经步入百岁行列的老人们,他们的共同特点就是把工作当成了人生最大的享受。他们喜欢工作,离不开工作,他们把工作看作是一种快乐,或者说是快乐生活的一种方式。"工作并快乐着"是他们生活中最高境界的享受,就像蜜蜂采花酿蜜一样,永远感到欢乐甜蜜而不知疲倦。

如果快乐是人生的最高境界,那么"快乐工作"就是人的最高境界的享受。从人生的追求上看,工作是人的一种需求,也是赢得"尊重"和"自我价值实现"的体现。

37. 在婚姻中要修炼包容心和忍耐性

爱情是浪漫的，婚姻是现实的。婚姻就是柴米油盐酱醋茶，是锅碗瓢勺的交响曲。长期生活在一起就不可能没有不磕磕碰碰的时候，因此，婚姻的维持不仅仅是情感，更需要的是包容与忍耐。没有包容与忍耐，再美好的婚姻也会因一些鸡毛蒜皮之事而击败的支离破碎。

爱到一定程度，彼此能够完全接纳对方，不管是对方的优点还是缺点，我们才会选择婚姻。因为世上没有十全十美的人，每个人的身上都存在着这样那样的优点和缺点，你欣赏对方的也许只是那么一点点……

在我们的周围，打打闹闹的有，闹死闹活离婚的有，动真家伙的有，把对方打破了相的有。视连续剧《妻子》里，妻子说的一句话："家不是讲理的地方……"是啊，在家我们讲什么理？有什么理可讲？家是靠爱支撑的，没有了爱，家不成家。家是靠彼此容忍彼此宽容；不是事事都要斤斤计较，而是要胸怀大度；不是非得要争辩出谁是谁非，更需要忍来调和。

忍中具有道德、智能，忍中具有真善美。生活中离不开忍，甚至连夫妻生活也需要忍。就像富兰克林说的："结婚以前睁大你的双眼，结婚以后闭上你的一只眼睛。"

埋怨只能让彼此疏远，让爱情更早地被葬送。争吵的危险倾向是算旧

账、翻老底,争吵的最好结局是达成新的谅解。宽容才能让彼此互相交流、融洽,宽容才能让感情维系长久。但宽容也是有原则的,并不是一味地忍让,而是不要斤斤计较,付出就索取回报。要常常换位思考一下,不要把自己的想法强加于人,要给予对方解释的机会。

我们有的时候要学会变通,婚姻的另一方,一不小心撒了谎,大可不必刻意去揭穿他,更不用和他拼命,就算你洞悉一切,你仍然可以傻傻地笑着说,我只是担心你。潜台词就是我知道,但我不打算计较。特别是有第三方在场的时候,你给他留足了面子,他一定会心存感激,感激你的包容和护佑,会把你当成同盟,当成分享秘密的另一方,这种唾手可得的甜蜜我们可不要将它辞掉。白头偕老不是一句空泛的誓言,而是融入我们每一天的生活细节里的行动。白头偕老不仅仅需要爱情的支撑,更需要彼此的宽容和礼让,而这宽容正体现在日常生活中。

从过去的谈离婚色变,到70后纠结于离或不离,再到如今80后的"离婚没啥大不了",中国人的婚姻观正发生改变。这也是与社会经济发展到一定程度有关。随着社会的进步,女人对男人的依附逐渐降低,女性提出离婚的也较多。现在独生子女对婚姻的包容度很低,独生子女双方家庭也会干预婚姻,互不妥协。曾经遇到过不少这样的事。有一对男女双方都是独生子女,结婚后女方家商量将来孩子跟自己姓,男方不同意,两家互不相让,最后离婚告终。还有一对夫妇草率离婚后又心生悔意,复婚前邀请双方父母一起吃饭打牌,结果因为牌桌上的不和,牌桌被掀翻,四位老人不欢而散,两人自然复婚不成。

婚姻里面也许两个人相互妥协容易,但是两个家庭互相妥协就难了。婚姻生活里除了两个人要有包容心外,也要有足够的耐心。要正确看待婚姻问题,过多的不包容会把小事扩大、无事生事。

听听这一对夫妻在吵什么:

"你知道我一天上班有多辛苦,压力有多大。一个晚饭,自己吃怎么

37. 在婚姻中要修炼包容心和忍耐性

了,难道你还是孩子,要我喂你不成?"丈夫也没有好气地说。

妻子抱怨说:"你总是喝得烂醉而归,有多久没有给我买花,多久没有帮我做家务了。"

丈夫也不甘示弱地说:"你知道你做的饭有多难吃,洗的衣服也不是很干净,花钱像流水,有多久没有去看我的父母了……"就这样,夫妻二人你一句我一句地互不相让,最后竟翻出了结婚证要去离婚。在去街道办事处的路上,他们遇见了一对老夫妇正相互搀扶慢慢走着,老妇人不时掏出手帕给老公公擦额头上的汗,老公公怕老妇人累,自己提着一大兜菜。这对年轻夫妇看到这个情景,想起了结婚时的誓言:"执子之手,与子携老。休戚与共,相互包容。"可是现在竟然……于是他们开始互相检讨。

丈夫说:"亲爱的,我真的很想回家陪你吃饭,可是我实在工作太忙,常常应酬,并不是忽略你啊。"

妻子不好意思地说:"老公,我也不对,不应该那么小气,你在外工作挣钱不容易,早上我不应该赖床不起的。"

"早饭我可以自己热,每天回家那么晚一定吵你睡不好觉,你应该多睡会儿的。"

妻子也忙检讨自己……

就这样,这场离婚风波平息了。从这之后,夫妻俩变得互敬互爱,彼此宽容忍让,更多地为对方着想,恩恩爱爱。其实,导致婚姻失败、爱情终结的常常都不是什么大事,而是一些日常琐碎小事中的摩擦和不包容造成的。因此,进入婚姻一定要修炼你的包容心与忍让心,只有这样才能让你的婚姻稳定而长久。

38. 要灵活会变通，远离耿直

"耿直"在某种意义上来说也是人们赞赏的一种性格，但耿直得过了头，也就成为了"倔强"和"不近人情"的代名词。这也会影响人际的相处，也会错过良好的机会。因此，我们要改变自己一些耿直的性格，多些变通，对自己也是有好处的。

邓肯是美国19世纪最富传奇色彩的女性，她小时候耿直纯真，坦率得出奇。有一年圣诞节，学校举行庆祝大会，老师一边分糖果，一边说："小朋友们，这是圣诞老人给你们带来的礼物……"邓肯听到后马上站起来，一本正经地说，"骗人！世界上根本没有圣诞老人。"老师很生气，但还是压住心中的怒火，改口说："相信圣诞老人的乖女孩才能得到糖果。""我才不稀罕糖果。"邓肯回答。结果老师勃然大怒，不仅没给她糖果，还让她在教室外站了一堂课。

毫无疑问，邓肯式的耿直是一种本质上的人性优点。在现实生活中，性情耿直、说话耿直、做事耿直的人，也大多是不折不扣的卫道者，是正义感的代言人，是最值得结交的对象。然而，人世间的事情往往这么矛盾：这些最值得结交的人，往往成为众矢之的；那些毫无疑问的真话、最值得听取的忠言，往往为他们带来麻烦，甚至直接导致不幸。

然而这并不是说，耿直就一定是幸福的天敌。道德与幸福从来都不矛

38. 要灵活会变通，远离耿直

盾，掌握好两者之间的平衡，需要必要的智慧和技巧。性情耿直，尤其是过于耿直者，往往不知迂回变通。用老百姓的话说，就是"不撞南墙不回头，撞了南墙也不回头"，这种精神固然可嘉，但绝不值得效法。

"耿直"是绝对的褒义词，但耿直得过了头，就不好了。耿介刚直的性格，决定了性情耿直者见不得邪恶，容不下龌龊，甚至到了眼里不揉一粒砂的地步，无论如何，都要坚持自己的立场和观点，且毫无策略，甚至干脆就不屑于采取任何策略，这就直接决定了他们多舛的命运。民间所谓的"好人无长命，祸害一千年"大概就是据此而来。

哲学家说，存在的即是合理的。从一定程度上来说，这种"好话不受欢迎、好人不得幸福"的社会现象，绝非一己之力甚至其他力量所能改变的。无论社会发展到什么程度，人性的弱点终究会普遍存在。我们必须在正视这一现实的基础上，努力做个智慧型的人，而不是令时人与后世唏嘘的殉道者。

我们并不反对耿直，但耿直是把双刃剑。把握不好其中的尺度，就会走向极端，与现实社会格格不入，乃至水火不容。一旦到了这种程度，就是绝对的人格缺陷。海瑞是不是耿直？史书上记载他居然为维护清名，狠心逼死了自己的幼女，原因则是女儿私自接受了一位男子的一块饼。这与其说是耿直，不如说是冷酷、迂腐。而用明代思想家李贽的话说，海瑞"如万年青草，可以傲霜雪，但不可亢栋梁"，因为他虽有原则，却没器量；虽有操守，但太教条；虽有政德，却无政绩，真可谓入木三分。

耿直有时候等同于强硬，而强硬的另一面则是脆弱。古人云："兵强则灭，木强则折"，一个人过于耿直、强硬，几乎等同于跟自己的幸福过不去。

当然，一味的圆滑也不可取。社会的正常运转，离不开耿直的人。但一股脑儿的耿直并不可取。耿直固然可贵，但也要看时机、看场合、看对象。

修己

唐太宗李世民与魏征的故事最能说明问题。魏征本是太子李建成的臣子,"玄武门之变"后,很多太子党成员都被或剿灭或打压,唯独魏征因其耿直的品性深得李世民的赞赏,没被牵连,反而因祸得福。此后他与李世民相处17年,提出了很多宝贵建议。魏征去世后,李世民感慨道:"夫以铜为镜,可以正衣冠;以古为镜,可以知兴替;以人为镜,可以明得失。朕常保此三镜,以防己过。今魏征殂逝,遂亡一镜矣。"这恐怕是历代大臣中所享受的最大的哀荣了。然而鲜为人知的是,到晚年,唐太宗竟然派人将魏征的墓碑砸毁,只差没有掘墓鞭尸。

究其原因,也不外乎魏征生前总是面折廷诤,往往弄得李世民面红耳赤,下不了台,甚至到了难以忍受的程度。可见,即使是为了别人好,即使对方是像唐太宗那样的"贤君",也不能像魏征那样一味地耿直。

都说性格决定命运,其实性格也是可以修炼、优化的。而耿直的人,最需要的就是多些变通。所谓"世事洞明皆学问,人情练达即文章",为了自己的幸福,耿直型性格的人在为人处世方面还是应该讲究一些策略和艺术。对于原则性问题,必须坚持,但也应该是智慧型的坚持,而不是毫无策略的那种,而对于一些无伤大雅的小事,不影响大局的小节,不妨装点糊涂,这样既能使自己少些磕磕碰碰,也有利于团结,减少内耗,实现自我与团队的和谐发展。

39. 培养好心态，拯救自己

拿破仑·希尔曾说过，人的身上有一个看不见的法宝，这个法宝的一边装着四个字：积极心态。它是获得财富、成功、幸福和健康的力量。另一边装着四个字：消极心态。

良好的心态是对付浮躁世界的最好武器，也是对付烦恼生活的灵丹妙药。一个人的内心可以改变自己的世界。如果一个人认为生活是有希望的，那么就有生活和工作的喜悦。反之，如果一个人对这个世界产生绝望的心理，那么他的生命就会很快枯萎。

健康的心灵能够给予一个人精神的力量，也决定了一个人的良好命运，并且在关键时候，其心灵的力量能够拯救自己的生命。

故事一：

从前，有一位国王，梦见山倒了，水枯了，花也谢了，便叫王后给他解梦。

王后说："大势不好，山倒了指江山要倒；水枯了指民众离心，君是舟，民是水，水枯了，舟也不能行了；花谢了指好景不长了。"国王惊出一身冷汗，从此患病，且愈来愈重。

一位大臣参见国王，国王在病榻上说出了他的心事，大臣一听，笑着说："这是好兆头，山倒了指从此天下太平；水枯指真龙现身，国王，你

是真龙天子啊；花谢了，花谢见果子呀！"国王顿觉全身轻松，很快痊愈。

故事二：

古时一个考生在考试前做了三个梦，第一个梦梦到自己在墙上种白菜；第二个梦梦见在下雨天，他戴了斗笠还打伞；第三个梦梦到跟心爱的表妹躺在一起，但是背靠着背。

第二天一早，考生找到算命先生，让他解梦。算命先生一听，连连摇头说："你还是回家吧。你想想，高墙上种菜不是白费劲吗？戴斗笠打雨伞不是多此一举吗？跟表妹躺在一张床上，却背靠背，不是没戏吗？"考生一听，心灰意冷，回店收拾包袱准备回家。

店老板感到奇怪，问："明天不是要考试吗，你怎么今天就回去了？"考生如此这般说了一番。店老板乐了："我也给你解一下。我倒觉得，你这次不留下来就太可惜了。墙上种菜说明你会高种（中），戴斗笠打伞说明你有备无患，你跟表妹背靠背躺着，说明你就要翻身了啊！"考生一听，很有道理，精神为之一振，以积极的心态应试，居然得了个第三名。

同样的梦境，故事二中算命先生的一席话和店老板的一席话，却有着天壤之别。前者让考生心灰意冷，未入考场，精神就先垮下去了。后者却能够变消极为积极，让考生具备良好的心态，从而取得成功。故事一中王后和大臣不同的说法，也让国王有了截然不同的境遇。这其实就是心灵的力量！

成功者之所以成功是因为内心充满着力量。内心的力量是成功的关键。它带给我们勇气，带给我们自信，带给我们智慧。

内心的力量来自于"心合一"，来自于内心的平静，来自于良好的心态。让我们关注自己的内心，因为它是智慧与力量的源泉。让我们关注内心的修为，因为这是事业成功的根本。

40. 管理好自己的情绪

在法庭上，律师拿出一封信问洛克菲勒："先生，你收到我寄给你的信了吗？你回信了吗？"

"收到了！"洛克菲勒回答他，"没有回信！"

律师又拿出二十几封信，一一地询问洛克菲勒，而洛克菲勒都以相同的表情，一一给予相同的回答。

律师控制不住自己的情绪，暴跳如雷不断咒骂。

最后，庭上宣布洛克菲勒胜诉！因为律师因情绪的失控让自己乱了章法。

一场官司，一个是能够控制自己的情绪而胜诉，一个不能控制情绪而乱了章法而败下阵来。在现实生活中，我们会面对许多的事，许多的人，有开心的，有不开心的，有时候采用何种手段已不太关键，而管理好自己的情绪才是至关重要的。

每个人都有自己的情绪。有时候，掌控不住情绪，不管三七二十一发泄一通，结果搞得场面十分难堪。生活中，每个人都难免会碰到这种擦枪走火的状况。但是，聪明人有将情绪马上收回来的本事。

自古以来，评价人的标准，只看一个人的涵养和行事的风格，就知是否可以成为可塑之才，是否有大将之风，因此你要成为人上人，除了常识

与能力之外,全视其能否将情绪操控得当。

情绪处理得好,可以将阻力化为助力,帮你解危化险、政通人和。情绪若处理得不好,便容易激怒,产生一些非理性的言行举止,轻则误事受挫,重则违法乱纪。

心理学家经过长期研究认为:人与人之间的智商并没有明显的差别,但有的人之所以成功,有的人之所以未能成功,与各自的情商有密切关系。情商的要素之一就是人的自控能力。

控制自己其实就是控制自己的情绪。成功人士都具有自控的特征。它不是一件非常容易的事情,因为我们每个人心中永远存在着理智与感情的斗争。自我控制、自我约束也就是要求一个人按理智判断行事,克服追求一时情绪满足的本能愿望。一个真正具有自我约束的人,即使在情绪非常激动时,也能够做到这一点。

林则徐初到广州禁烟时,一些腐败官吏百般阻挠,使他的情绪波动很大,怒不可遏。但他知道暴怒无济于事,还可能给那些腐败官吏找到攻击他的口实,于是,他竭力控制自己的情绪,写了"制怒"二字挂在墙上,作为警句告诫自己。每当要发怒时,他就注视墙上的"制怒"条幅,将怒气压下去。

良好的情绪是成功的一大因素,许多人能把事做成,也是与他善于控制自己的情绪分不开的。

曹操想请司马懿出来帮他,司马懿见形势还不明朗,便推说自己病了。曹操派人前去打探,见司马懿整天卧床不起,只好作罢。

后来曹操势力大了,司马懿还是出来做了官。曹操死后,传位给曹丕,曹丕死后,又传位给曹睿,曹睿死后又传位给8岁的曹芒,由曹爽和司马懿共同辅佐他。曹爽独断专行,司马懿失去了实权。这时候司马懿意识到了危险,便又称病在家,什么事也不管了。曹爽听说司马懿病重,自然高兴,但也不无怀疑,便派了一个叫李胜的人去察看。李胜来到司马懿

40. 管理好自己的情绪

家里，只见一个婢女正在给司马懿喂粥，司马懿的胡子、衣襟上洒满了粥。看见李胜，他装聋作哑，唠唠叨叨地说了一通废话。

李胜果然被骗住了，回去告诉曹爽，说司马懿那老头子只剩一口气了。曹爽放下了一块心病，更加独断专行。但司马懿的夺权计划却在秘密进行。

魏嘉平元年，司马懿集结几千名精兵，迅速占领了都城，假借皇太后命令，罢免了曹爽的兵权。曹爽交出兵权后被软禁起来，不久又以谋反罪被诛杀。至此，曹魏政权落在司马懿的手里。

古今中外成大事者，无一不是善于控制情绪的人。司马懿想夺取天下，但他绝不贸然行事，第一次装病是伺机而动，第二次装病是"示弱"以保护自己，两次都事关重大。两次装病，才有司马懿后来的政权。

情绪的控制力对成功的作用和高智商一样重要。不仅如此，要过好的生活，使自己享受富足的、快乐的精神生活，也必须具有控制情绪的能力。

一位老人，在小货摊上，被卖货的青年掏了腰包，几百元"外汇券"不翼而飞。货摊只有他俩人，明知此事与青年有关，但当他说出此事时，小伙儿翻了脸，叫他"到公安局去告"！

老人冷静地一思索，没和他来硬的，而是压低声音，恳求道："小伙子，我一下子买了你五六十元钱的东西，你怎么能这样待我呢？我知道，你们做生意的，声誉要紧啊！！"

这话既有恳求，又有开导，还有暗示，最后一句意味深长，不能不使青年深思。他进一步恳求道："我们农村人，来钱不容易，丢了我怎么生活？你就替我仔细找找吧，或许忙乱出错，混到衣服堆里去了。"

小伙子一听，觉得有理，心也虚了，不如赶快顺手推舟。于是把钱包往衣堆里一放，大叫："啊，原来在这里！"

这位老人的确是富有社会经验、善于控制情绪的人。他知道与青年硬碰硬地争执，肯定是两败俱伤，对事情的解决也没有好处。所以退而结网，设下一个台阶，让青年自动下台，这样解决事情，看似波澜不惊，却令人深受触动，达到了以柔克刚的效果。

为人处事，一个人是否能控制自己的情绪，使之适应不同的对象是很重要的。能战胜自己的情绪，就能掌控别人。在我们的身边，经常能见到一些不懂得用理智的缰绳控制情绪的"野马"，凡事爱凭一时冲动，凭意气行事。痛快倒是一时痛快，却造成了多少彼此的深刻伤害，招致了多少惨重的损失！

有的人，因为受上司一点不公正的批评，便情绪冲动，愤然一走了之，丢了工作，生活从此漂泊无着，一步步陷入困境；有的人，与恋人发生了点矛盾，一时赌气扭身而去，一去杳无音讯，他年相逢，已是人各有属，隔河相望，愧悔何及！一些女人在悲愤无奈之时，甩碟子砸碗，撒泼骂街，就想拼个鱼死网破。你不让我活好，你也甭想好活。一些男人上火时，拳脚相加，以殴打解决问题，结果小事演变成大事，酿成一连串的苦果，足可让你后悔一生；有人一言不合，发生口角，怒从心头起，恶向胆边生，拔刀相向，伤害了对方，自己也锒铛入狱，毁了一生，原来只为一点绿豆大的事；有人失恋或被遗弃时，或用硫酸水毁了对方的花容，或服药跳楼上吊，轻易断送了如花的生命；有少年受了父母、老师一顿训斥，愤然离家出走，葬送了一生前程……

意气用事造成的悲剧比比皆是，令人扼腕。但是，同样的悲剧年复一年的上演着，古代有，今天有，或许明天还会有。

我们做事时也不要意气用事，否则就得不偿失了。意气用事按字面意思可解释为：意气是主观偏激的情绪；用事就是行事，缺乏理智，只凭一时的想法和情绪办事。

在人的一生中，做事不能只凭自己的感情，做事更不能只凭自己的感

40. 管理好自己的情绪

觉,意气用事必有麻烦。有时自己的知觉是错的,事情并不是想像的这般简单,表象总是容易迷惑人心。理性做事不至于反复折腾,理性做事不会出现大的差错,理性做事才不会使自己后悔莫及。切记:凡事都不能太冲动!不能只跟着情绪走,多思考才能不后悔。

修己

41. 把握换位思考的处世原则

"己所不欲,勿施于人"是一种人际相处的法则。意即自己不喜欢的事,不要强加给别人。类似的话,孔子在其他地方还多次说过。如一次孔子的学生仲弓问怎样实行仁德,孔子回答说:"自己不想做的事情不要强加给别人;在国内无人怨恨,在家里也无人怨恨"。他还说过:"我不愿意别人强加给我的,我也不要强加给别人。"在《中庸》一书里,也有同样的话。

所谓"己所不欲,勿施于人",就是用自己的心推及别人;自己希望怎样生活,就想到别人也会希望怎样生活;自己不愿意别人怎样对待自己,就不要那样对待别人;自己希望在社会上能站得住,能通达,就要帮助别人站得住、通达。总之,从自己的内心出发,推及他人,去理解他人,对待他人。"己所不欲,勿施于人"简单地说就是推己及人,它和中国民间常说的将心比心,设身处地为别人想一想等等,说的都是一个意思。

人是最复杂的动物,人与人交往也是一项复杂的活动过程。在这个过程中,需要付出情感,而在此时,"己所不欲,勿施于人"就是一个很好的处世原则。

战国时,梁国与楚国交界,两国在边境上各设界亭,亭卒们也都在各

41. 把握换位思考的处世原则

自的地界里种了西瓜。梁亭的亭卒勤劳，锄草浇水，瓜秧长势极好，而楚亭的亭卒懒惰，对瓜事很少过问，瓜秧又瘦又弱，与对面瓜田的长势简直不能相比。楚人死要面子，在一个无月之夜，偷跑过去把梁亭的瓜秧全给扯断了。梁亭的人第二天发现后，气愤难平，报告县令宋就，说我们也过去把他们的瓜秧扯断好了。宋就听了以后，对梁亭的人说："楚亭的人这样做当然是很卑鄙的，可是，我们明明不愿他们扯断我们的瓜秧，那么为什么再反过去扯断人家的瓜秧？别人不对，我们再跟着学，那就太狭隘了。你们听我的话，从今天起，每天晚上去给他们的瓜秧浇水，让他们的瓜秧长得好，而且，你们这样做，一定不可以让他们知道。"

梁亭的人听了宋就的话后觉得有道理，于是就照办了。楚亭的人发现自己的瓜秧长势一天好似一天，仔细观察，发现每天早上地都被人浇过了，而且是梁亭的人在黑夜里悄悄为他们浇的。楚国的边县县令听到亭卒们的报告后，感到非常惭愧又非常敬佩，于是把这事报告给了楚王。楚王听说后，也感于梁国人修睦边邻的诚心，特备重礼送梁王，既以示自责，也以示酬谢，结果这一对敌国成了友邻。

一个人没有权利把自己不愿意要的东西强加于他人，但一个人也不应该把一般人都不要的东西强加给自己。而当人己双方都面临着人类所不要的东西而又必须由其中一方承受下来的时候，就让每个人自己拥有的客观条件来决定，而不作人为干预。

这种把问题的解答同初始的物质条件相挂钩，不作人为干预的方法，从形式上看，是暂时地给道德原则"加括号"，把它"悬置"起来，借以回避问题。但从实质上看，不就是不借道德之名，将不道德的要求强加给信守道德之人吗？

不可否认，任何道德体系都内在地具有抬高整体，包括作为整体之具体化的他人，而贬抑自我的要求这一根本倾向。

然而，在道德有可能越出"道德"的范围，而成为某种不道德时，梁

亭的人却极为合理、极为道德地紧急制动，借悬置道德来给出了最为道德的准则。这种以物的合理性，即物的归属，来规定人的合理性（即伦理或道德标准）的做法，典型地体现了梁亭人智慧的一个极为意义重大特征：主观合理性与客观合理性吻合，主观合理性受客观合理性决定，或者更确切地说，人的合理性与物的合理性的同一与融合。

把中国人的智慧改变一下，看起来是矛盾的，实际上却更深刻地体现了生存智慧："己所不欲，勿施于人"和"人所不欲，勿施于己。"

如果把这种智慧运用到人际交往之中，你就能够得到真正的友谊，就能够在人际关系中树立良好的形象。

可见，人与人之间的关系，追求的就是心灵的相通，"心有灵犀一点通"，一直是友谊的自然天性写照，这种友谊常常被认为是可遇而不可求的。其实，我们只要能正确理解自己的心理需要，也就能够理解他人的心理需求，换位思考，就能够尊重他人，获得他人的友谊。

42. 培养"和"的境界

"和"是中国审美文化的精神,是儒家价值观的终极目标。儒家文化,崇尚"和"、重视"和"、提倡"和"、追求"和"。视"和"为宇宙万物本然的状态,把"和"作为最大的价值,把"和"作为最高的目标,把"和"作为最高的道德境界。夫妻和睦、家庭和谐、天人合一、邻里顺和、和气生财、和而不同等等。总之,"和"是宇宙万物的大道,"和"是社会的大义,是中华民族传统道德的最高境界。

有利的时机和气候不如有利的地势,有利的地势不如人的齐心协力。

孔子在人际交往中崇尚"和"字。孔子的学生子有将老师的这一思想概括为"和为贵"。孔子也把"和"看成处理国家关系、种族关系及人际关系的一个准则,他十分重视社会的整体和谐。"丘也闻有国有家者,不患寡而患不均,不患贫而患不安。盖均无贫,和无寡,安无倾。"(《论语·子路》)讲的就是这个道理。《礼记》中的"和也者,天下之达道也",一言以蔽之,道出了"和"的极致。

孟子提出"人和",他说:"天时不如地利,地利不如人和。三里之城,七里之郭,环而攻之而不胜。夫环而攻之,必有得天时者矣;然而不胜者,是天时不如地利也。城非不高也,池非不深也,兵革非不坚利也,米粟非不多也,委而去之,是地利不如人和也。故曰:域民不以封疆之

界,固国不以山溪之险,威天下不以兵革之力。得道者多助,失道者寡助。寡助之至,亲戚畔之;多助之至,天下顺之。"(《孟子·公孙丑》)这里所谓人和是指人民的团结,人民的团结是胜利的决定性条件。孟子将"人和"的地位置于"天时"、"地利"之上,成为宇宙"三才"(即天、时、人)中最为宝贵的东西。荀子则以人能"合群"为本,引发出"和则一,一则多力,多力则强,强则胜物"的道理。他说:"人力不若牛,走不若马,而牛马为用,何也?"就是因为"人能群,彼不能群也"(《荀子·王制》)。

这种以和为贵的思想,历来是中国传统价值观教育的核心,蕴含着宇宙一体的丰富哲学内涵。几千年来,在以孔子为代表的儒家学派的大力倡导下,于潜移默化之中,孕育了中华民族热爱和平、团结豁达、宽容博大的胸怀。这是今天仍然必须承认的道理。

但随着社会的发展,以和为贵的思想已经渐渐在很多人的心中消逝,为什么?就是因为我们没有将"和"的力量发扬光大,内耗比较多。

有一个故事:

一天,天鹅、狗、鱼,一起要把一个食物拖到一个安全的地方,解决各自的饥饿问题。于是他们三个拼命用力拉,可是,无论他们怎么努力,食物还是在原来的地方一动不动。

食物也并不是很重,为什么三个动物一起努力仍然无法将其挪动呢?三个动物一探讨原因,才发现原来在拖动的过程中,天鹅拼命向云里冲,狗是向后倒拖,鱼直向水里拉动。

从这两个小故事中,我们可以看到"和"对于一个人、一个团队乃至一个社会来说都是十分重要的。

国学大师季羡林曾说:"我们讲和谐,不仅要人与人和谐,人与自然和谐,还要人内心和谐。""和",是一种境界,是一种精神。历经5000多年而心心相传,"和"已经深入到每一个华人的血液里,"和"(和而不同)

42. 培养"和"的境界

"合"(天人合一)成为中国思想文化中被普遍接受和认同的人文精神,它纵贯整个中国思想文化发展的全过程,积淀于各个时代的各家各派思想文化之中。因此,它体现着中国思想文化的首要价值和精髓,也是中国思想文化中最完善、最富生命力的体现形式。

43. 培养仁爱的精神

孔子提出"仁、义、礼"。孟子延伸为"仁、义、礼、智"。董仲舒扩充为"仁、义、礼、智、信",后称"五常"。

这"五常"贯穿于中华伦理的发展中,成为中国价值体系中的最核心因素。

"五常"指"仁、义、礼、智、信"。而儒家思想的主要特征之一是提出了著名的"仁"的思想,以至后来有人把孔子的思想概括为"仁学"。在《论语》一书中,"仁"字出现达109次之多,说明"仁"在孔子的思想体系中居于十分重要的地位。

这就是儒家的思想,同时更是孔子的思想之一。孔子不仅是这样说的,同时也是这样做的。

有一次,孔子家的马棚失火了,损失非常严重,但孔子回家得知此事,第一句问的竟然不是马的损失情况,而是伤人没有。这说明了,在孔子的眼中,"人"的价值要比任何财富包括马都重要得多。马棚塌了可以再盖,马损失了可以再买,但人没有了,就不容易再找了。由此可见,孔子以其自身的言行,达到了"仁"的境界,堪称为圣人。

儒家虽然倡导仁,但能够达到"仁"之境界的却很少。那么,我们怎样才能做一个仁爱之人呢?一是协调人与人、人与社会之间的相互关系为

43. 培养仁爱的精神

旨归；二是重视发挥人的主观能动性，强调人的内心修养。

孔子言"仁"从"爱人"为核心，包括恭、宽、信、敏、惠、智、勇、恕、孝、弟等内容，而以"己所不欲，勿施于人"和"己欲立而立人，己欲达而达人"实行方法，这是值得当今人继承的。因为随着当今社会的发展，仁爱的思想已经渐渐离人们远去，试看，当今世界上的国家中，有很多国家拥有核武器，这些核武器又足以给地球、给人类带来多少毁灭；再如，一些大国嘴上标榜人权主义，但却到处施行霸权，抵制其他国家的发展，更在背后蓄意制造国与国之间的矛盾。他们所缺少的正是儒家所提倡的"仁爱"之心。

仁者爱人，仁为"心之德，爱之理"。仁爱的感情，是对他人的一种喜欢、亲近、需要、关心和爱护。

所以，我们希望儒家的"仁爱"思想在神州亿万人民心中扎根，希望未来世界充满爱。

44. 存有一颗感恩之心

俗话说："受人滴水之恩，当以涌泉相报。"虽然我们可能做不到涌泉相报，但起码应该有报恩之心，有感激之情。不要把父母的养育视为当然，不要把老师的培养看作应该，不要把恋人的呵护当成自然。感恩是一种生活态度，是一片肺腑之言，也是一个人不可磨灭的良知。一个连感恩都不知晓的人，必定冷酷无情，必定会导致人际关系的冷淡。在人脉即一切的当今社会，这样的人，非但人生高度有限，而且很容易成为千夫所指，被社会抛弃。

几年前，湖北《楚天都市报》报道了一条"湖北5名贫困大学生受助不感恩被取消资格"的消息，原文如下：

受助一年多，没有主动给资助者打过一次电话、写过一封信，更没有一句感谢的话，襄樊5名受助大学生的冷漠，逐渐让资助者寒心。

8月中旬，襄樊市总工会、市女企业家协会联合举行的第九次"金秋助学"活动中，主办方宣布：5名贫困大学生被取消继续受助的资格。去年8月，襄樊市总工会与该市女企业家协会联合开展"金秋助学"活动，19位女企业家与22名贫困大学生结成帮扶对子，承诺4年内每人每年资助1000元至3000元不等。入学前，该市总工会给每名受助大学生及其家长发了一封信，希望他们抽空给资助者写封信，汇报一下学习生活情况。

44. 存有一颗感恩之心

但一年多来，部分受助大学生的表现令人失望，其中三分之二的人未给资助者写信，有一名男生倒是给资助者写过一封短信，但信中只是一个劲地强调其家庭如何困难，希望资助者再次慷慨解囊，通篇连个"谢谢"都没说，让资助者心里很不是滋味。

今夏，该市总工会再次组织女企业家们捐赠时，部分女企业家表示"不愿再资助无情贫困生"，结果22名贫困大学生中只有17人再度获得资助，共获善款4.5万元。

多年来为资助贫困生东奔西走、劳神费力的襄樊市总工会副主席周萍，为此十分尴尬，她感觉部分贫困生心理上"极度自尊又极度自卑"，缺乏一种正确对待他人和社会的"阳光心态"，有的学生竟自以为"成绩好，获资助是理所当然的"，缺乏起码的感恩之心……

不知感恩，不懂感恩，会令善行望而却步，整个社会也会变得冷漠、麻木。我们无法使他人都保有感恩之心，但我们应时时提醒自己，在人生的路上永远心存感恩。哪怕是为了我们自己。

站在佛学的角度，感恩则是一种无所不包的大情怀。净空法师说过："感激伤害你的人，因为他磨练了你的心志；感谢欺骗你的人，因为他增进了你的见识；感恩遗弃你的人，因为他教导了你应自立……人生在世，不可能一帆风顺，种种无奈都需要我们勇敢地面对、旷达地处理。你感恩生活，生活必将赐予你灿烂的阳光。当你试着去感恩，你就会发现，感恩的理由谁都能找到许多，但不感恩的借口却只需一个。"

当代科学大师霍金在北京科学会堂做完学术报告后，一位女记者向他提问："霍金先生，卢伽雷症将您永远固定在了轮椅上，您难道没有为自己失去太多而悲伤过吗？"

霍金吃力地敲出了以下几行字：

——我的手指还能活动；

——我的大脑还能思维；

——我有终生追求的真理；

——我有我爱的人和爱我的亲人和朋友；

——最重要的，我还有一颗感恩的心。

骤然间，会场上掌声如潮水。人们在震撼之余，恍然明白了一个道理：感恩之心是一个人生命不息奋斗不止的无穷动力！用感恩的眼光看人，你会发现世上还是好人多；用感恩的眼光看生活，你会发现生活并没有想像的那么坏；感恩生活、感恩世界，你自然也就远离了愤世嫉俗和愤愤不平……就让我们从现在开始感恩吧！感激阳光，感激空气，感激一草一木，因为它们都是我们的必需，却无一不是生活的赐予……

45. 读懂得失

贫穷时渴望财富，寂寞时渴望爱情；年老时渴望青春，死亡前流恋生命；痛苦伴随着欢乐，健康与疾病同行；如有朝阳的升起，就有旭日的落下；若有天上的月圆，就有人间的月半；若生就男儿身，就失去女儿态；若得到了成熟，就失去了天真；拥有了喧嚣的城镇，就失去了寂静的山村……失去意味得到，在得到中也意味着失去。得失是人生的主旋律，只有读懂得失，才能活得更明白、更潇洒。

有一个人，偶然在地上捡到一张千元大钞，他得到这笔意外之财以后，总是低着头走路，希望还能有这样的运气。

久而久之，低头走路成了他的一种生活习惯。若干年后，据他自己统计，总共拾到纽扣近四万颗，针四万多根，钱则仅有几百块，可是他却成了一个严重驼背的人，而且在过去的几年中，他没有好好地去欣赏落日的绮丽、幼童的欢颜、大地的鸟语花香……

得是乐，失是苦；但是有时得并非真乐，失亦非真苦。时机若已改变，得会转变为苦，失会转变为乐，失之东隅，收之桑榆。快乐不快乐由心而生，来自于得失之间。权衡好得与失，你就会明白许多。

从前有一位富翁，名字叫愚翁。愚翁虽然非常有钱，却常常自怜，他可怜自己空有钱财，却从来没有体会过真正的快乐。

愚翁常常想:"我有很多钱,可以买到许多东西,为什么买不到快乐呢?如果有一天我突然死了,留下一大堆钱又有什么用呢?不如把所有的钱拿来买快乐,如果能买到一次全然的快乐,我死也无憾了。"

于是,愚翁变卖了大部分家产,换成一小袋钻石,放在一个特制的锦囊中。他想:"如果有人能给我一次纯粹的快乐,即使是一刹那,我也要把钻石送给他。"

愚翁开始旅行,到处询问:"哪里可以买到快乐的秘方呢,什么才是纯粹的快乐呢?"

他的询问总是得不到满意的答案,因为人们的答案总是庸俗而相似的:

你如果有很多的金钱,就会快乐。

你如果有很大的权势,就会快乐。

你如果拥有的越多,就会快乐。

因为愚翁早就有了这些东西,却没有快乐,这使他更加疑惑:"难道这个世界没有纯粹的快乐吗?"

有一天,愚翁听说在偏远的山村里有一位智者,无所不知,无所不通。

他就跑进村去找那位智者,智者正坐在一棵大树下闭目养神。

愚翁问智者:"智者!人们都说你是无所不知的,请问在哪里可以买到快乐的秘方呢?"

"你为什么要买快乐的秘方呢?"智者问道。

愚翁说:"因为我很有钱,可是很不快乐,我从未经历过纯粹的快乐,如果有人能让我体验一次,即使只是一刹那,我也愿意把全部的财产都送给他。"

智者说:"我这里就有全然快乐的秘方,但是价格很昂贵,你准备了多少钱,可以让我看看吗?"

45. 读懂得失

愚翁把怀里装满钻石的锦囊拿给智者,没有想到智者连看也不看,一把抓住锦囊,跳起来,就跑掉了。

愚翁大吃一惊,过了好一会儿才回过神来,大叫:"抢劫了!救命呀!"可是在偏僻的山村根本没人听见,他只好死命地追赶智者。

他跑了很远的路,跑得满头大汗、全身发热,也没有发现智者的踪影,他绝望地跪倒在山崖边的大树下痛哭。没有想到费尽千辛万苦,花了几年的时间,不但没有买到快乐的秘方,大部分的钱财又被抢走了。

愚翁哭到声嘶力竭,当他站起来的时候,突然发现被抢走的锦囊就挂在大树的枝丫上。他取下锦囊,发现钻石都还在。一瞬间,一股难以言喻的、纯粹的快乐充满他的全身。

正当他陶醉在全然的快乐中时,躲在大树后面的智者走了出来,问他:"你刚刚说,如果有人能让我体验一次全然的快乐,即使只是一刹那,你愿意送给他所有的财产,是真的吗?"

愚翁说:"是真的!"

"刚刚你从树上拿回锦囊时,是不是体验到了全然的快乐呢?"智者又问。

"是呀!我刚刚体验了全然的快乐。"

智者说:"好了,现在你可以给我你所有的财产了。"

智者一边说一边从愚翁手中取过锦囊,扬长而去。

在失去中得到磨炼,在痛苦中得到成长。在人生当中,不要患得患失,得到了也不要快乐无比,失去了也不要痛苦万分,要用一颗平常心来面对,这样才能在得失的人生中得到许多的快乐。

修己

46. 懂得知足

知足是一个人修身养性的一项硬指标。只有知足才能不被外界诱惑，只有知足才能过一种平静生活，也只有知足才能从自身的现实生活中找到属于自己的快乐。

因此，古人说："养心莫善于寡欲。"我们如果能够把握住自己的心，驾驭好自己的欲望，不贪得、不觊觎，做到适可而止，役物而不为物役，生活上自然能够知足常乐，随遇而安了。

在《庄子·山木》中曾读过这样一则寓言：

庄周到雕陵的栗园游玩，被一只翅膀七尺宽的鹊鸟碰到额头，他就抓起弹弓去撵。

在园中，他看见正得意鸣叫的蝉被螳螂所缚，而螳螂因有所得忘了自己，又被鹊鸟趁机攫取，鹊鸟只顾贪利也不再注意身后。

庄周就警惕而叹，扔下弹弓回去了。管园子的人跟在庄子身后责骂他偷了栗子。

庄子三天闷闷不乐。弟子问他说："先生为什么不愉快呢？"

庄子回答说："我为了守形体忘了祸患，观照浊水反而被清渊迷惑，忘了真性，所以管园子的人辱骂我，因为这才闷闷不乐。"

庄子告诉我们，欲是祸患的根源。在求得利益自以为有福降临时，往

46. 懂得知足

往也会埋下祸患的根由。一味追求利，不论开始如何得意，最终必自取其辱。

对此，庄子还讲过这样一个典故：

河边一个贫穷人家的儿子，一次潜入深渊，得到千金的珠子。他的父亲说："拿石头砸烂它！千金的珠子，一定是在九重深渊，得到千金的珠子，一定是龙在睡觉。等到龙醒来，你就要被吞食了！"

庄子这里所讲的，是福与祸的关系。这尚不是自然之道，因为这仅有祸患，谈不上患过福至。在道家认为，只有一切顺应自然之时，福与祸的到来才属于自然之功。老子说："祸兮福所倚。"这是说天降而非人为的福祸，是相互转换的，这种相生相依的转换才可称为道。

处于祸时不惊恐，处于福时不自得。这种因自然物理转化而得出的处世之道，即使在现代社会也是值得借鉴的。

不陷入物欲追求而保持清静心态，那么世事的无常及虚幻就会少得多，也不致轻易就动摇心志。即使是在平常的生活中，不对事情期望过高，不对未来做悲观猜想，便可求得心理和谐。与此同理，在得到快乐时不自得，在失运时不悲观绝望，如此才能称为得到了驾驭生活的智慧。

纵然，在通常情况下，欲望是人前进的动力，但是也一定要知道什么时候该适可而止。要不然，欲望发展至贪婪成性，就会使人在消极的欲望中沉沦，从而迷失方向，走向绝处。

对于多数人来说，能够做到怀着一颗平常而善良的心，淡泊名利，对他人宽容，对生活不挑剔，不苛求，不怨恨。寒不改绿叶，暖不争花红，富不行无义，贫不起贪心，这何尝不是一种练达呢？

老子曾经说过："有所为才能有所不为。"换句话说，能知足才可知不足。诸如，在物质匮乏的年代，我们会满足于一日三餐的粗茶淡饭，但我们也深深地知道，人类的需求远远不止这些，只要条件允许，我们就会要酒要肉，吃完了还想跳个舞，向更高层次迈进。这是人的欲求使然的

结果。

　　知足与不知足是一个量化的过程。我们不可能把知足一直停留在某一个水平线上，也不可能把不知足固定在某一个需要上。不同的年代、不同的环境、不同的阶层、不同的年龄、不同的生活经历，知足与不知足总会相互转化。穷苦的青年人还是不要知足的好，唯有这样，生活才会改观；一夜暴富的大款们，对于知识的追求多一些也许可以提升生活质量。

　　知足使人感到平静、安详、达观、超脱；不知足使人骚动、搏击、进取、奋斗；知足是在知不可行而不行，不知足是在不可行而必行之。若知不行而勉为其难，势必劳而无功，若知可行而不行，这就是堕落和懈怠。这两者之间实际是一个"度"的问题。度就是分寸，是智慧，更是水平。

　　在知足与不知足两者之间，我们更多地倾向于知足，因为它会使我们内心坦然。无所取，无所需，同时还不会有太多的思想负荷。在知足的心态下，一切都会变得合理、正常且坦然，那么在这样的境遇之下，我们还会有什么不切合实际的欲望与要求呢？学会知足，我们才能用一种超然的心态去面对眼前的一切，不以物喜，不以己悲，不做世间功利的奴隶，也不为凡尘中各种搅扰、牵累、烦恼所左右，使自己的人生不断得以升华；学会知足，我们才能在当今社会愈演愈烈的物欲和令人眼花缭乱、目迷神惑的世相百态面前神凝气静，能够做到坚守自己的精神家园，执著地追求自己的人生目标；学会知足，就能够使我们的生活多一些光亮，多一份感觉，不必为过去的得失而感到后悔，也不会为现在的失意而烦恼。从而摆脱虚荣，宠辱不惊，达到看山心静、看湖心宽、看树心朴、看星心明……

　　知足是一种极高的境界。知足便不作非分之想；知足便不好高骛远；知足便安若止水、气静心平；知足便不贪婪、不奢求、不豪夺巧取。知足者温饱不虑便是幸事；知足者无病无灾便是福泽。所谓养性修身，参禅悟道，无非就是个散淡随缘、乐天知命。

47. 增强挫折容忍力

我们都希望生活一帆风顺，撒满阳光，但对于大多数人来说，这似乎是一种奢望。我们总会遇到大大小小的矛盾、挫折、冲突和不如意的事，这些都又会引起心理上的疾患，如失意、失望、痛苦等，真是"怎一个失字了得"！然而我们的人生难免会有不幸，也总会有一些困难与坎坷，我们也必须得面对现实，以乐观的态度去对待，就算再怎么失败，也不要否定你自己！否定了你自己，也就等于否定了你的自信、你的成功、你的未来！

俞敏洪被媒体评为最具升值潜力的十大企业新星之一，20世纪影响中国的25位企业家之一。俞敏洪的创业、创富故事，已被演绎为一种难能可贵、不可复制的传奇。俞敏洪经常用自己的经历告诉渴望成功的学子们，一个人的出身、长相和未来无关。"我是全班唯一从农村来的学生，讲普通话被人说成讲日语，从A班调到最差的C班。"回忆起自己并不成功的北大校园生活，俞敏洪淡淡地笑着说。别人津津乐道的校园爱情对他来说完全真空。"记得我们班50个同学，刚好25个男生25个女生，我听到这个比例以后非常兴奋，我觉得大家就应该是一个配一个。没想到女生们都看上了那些外表英俊潇洒、风流倜傥的男生。像我这样外表不怎么样，内心感情丰富、未来有巨大发展潜力的，女生一般都看不上。在北大，没有

一个女孩子爱上我。"在大学经历一场大病之后,俞敏洪放弃了通常意义上"要比别人强"的"上进心",而是开始寻找真正让自己一想起来就激动的未来。俞敏洪说:"唯一不可预测的是人,因为他会不停地成长。因此,即便现在的你出身不够好、学历不够高、人长得不怎样,也请不要否定自己,人生永远有你认为不可能的事情发生,只要不放弃努力。"

从俞敏洪的传奇人生当中,我们不难看出人生最大的失败是被自己打败,如果我们自己不承认失败、不否定自己,那就永远没有失败。在坎坷的人生道路上,那么我们怎样才能增强挫折的容忍力,走出人生的低谷呢?

(1) 将挫折作为人生的新起点

俗话说:人道谁无烦恼,风来浪也白头。拿破仑也曾说过:"人生的成功不是没有失败的记录,而是能够屡败屡战。"所以失败并不可怕,失败后的态度与举动才会决定你今后的一切。

清朝有名的大臣曾国藩,开始带领湘军镇压太平军,可是由于战略战术不对,经常被打得大败,有次竟然全军覆没,曾国藩急得要跳河自尽。幸亏有人拉住了他,同时,将给皇帝奏章上的"屡战屡败"改为"屡败屡战"。皇帝看到奏章,大大地嘉奖了曾国藩,曾国藩也从那个奏章上看到了希望,从此改变态度,最终打败了太平军,成为一代中兴重臣。试想,如果曾国藩当时就跳河自尽,历史还会记住他吗?

许多时候,正是我们刹那间的念头,决定了我们的人生。面对挫折,勇敢跳过去,人生将别有一番洞天。

(2) 增强挫折容忍力

挫折容忍力是一个人在面对逆境或遭受打击后,能摆脱不良情绪的影响,使心理保持正常的能力。挫折容忍力强,能够在逆境中掌稳前进的舵,以笑脸来迎接周围发生的一切。对挫折容忍力的强弱,一定程度上取决于人的生活经历和社会阅历。经历过艰难困苦的人,对于挫折的承受力

47. 增强挫折容忍力

相对较强,正如俗话所说:"曾经沧海难为水。"增强挫折容忍力要求锻炼好身体,多参加社会活动,提高自己的心理素质,完善个性。

(3) 多增加成功的体验

一个人如果经常遭到挫折,对自己的信心就会减弱。若多发扬自己的优点,在自己力所能及的范围内积极取得成功体验,能够增强自信心,战胜挫折。

(4) 找别人倾诉,丢掉心理包袱

有位哲人曾经说:我有一个苹果,你有一个苹果,我们彼此交换,我们每人还是只有一个苹果;你有一种思想,我有一种思想,我们彼此交换,我们每人就有两种思想。同样的道理,你有一份快乐,我有一份快乐,我们彼此交换,我们每人就有两份快乐。但是,你把你的悲伤倾诉给另外的一个人,你就只有二分之一份的忧伤。切记,不要把挫折和悲伤埋藏在自己的心中,这样,只会让自己越来越忧郁,也难以走出挫折的阴影。

选择一种态度,也许就决定了一生的色彩,你可以选择作为一位成功者。

修己

48. 沉得住气，低得下头

谷子成熟了，就要低下了头；向日葵成熟了，也要低下了头。它们昂头是为了吸收阳光的能量，低头是孕育种子的饱满。正应了一句俗语："低头的是稻穗，昂头的是秕子。"

植物如此，我们做人何不如此呢？如果我们不懂得在现实面前适时的低头，人生也就不会有太大的成就。只有懂得了低头，才能滋养着一种智慧和做人的成熟。

俗话说："懂得低头才能出头。"有时候稍微低一下头，是一种宽容，是一种从容，是一种竞争的避让，是一种生存的智慧，留有一点存在的机会，才会有出头的可能。

有的人，不屑于低头，直来直去，硬撑强做，一直奉行"宁可玉碎不为瓦全"的精神，到最后伤害了别人，也断送了自己。

现实生活中，每个人都会遇到不尽如人意的事，需要你暂时退却，这时候，你必须面对现实，要明白敢于碰硬的确是一种壮举，可胳膊毕竟拧不过大腿，硬要拿鸡蛋碰石头，只能是无谓的牺牲。

年轻人最易犯的毛病就是心高气盛、恃才傲物，总以为自己是鸿鹄、别人都是燕雀，眼光总是高高向上，根本不把周围的一切放在眼里，直到有一天，被眼前的门框撞了头，才发现门框比自己想像的要矮得多。

在生活中历练过的人都了解，低头往往被看成是软弱、怕事的表现，

48. 沉得住气，低得下头

这种态度与其说是软弱，不如说是尝遍人世辛酸之后一种必然的成熟。那些昂然高论，不以为然的人，对这个问题，乃至人生的认识显然有限，因而表现出来的，只是一种无知的强劲，一种似强实弱的强。真正的智慧，属于谦逊的人。

当今社会，变幻莫测，错综复杂。因此，在漫长的人生跋涉中，我们不得不学会低头。但学会低头并不是妄自菲薄与自卑，学会低头意味的是谦虚、谨慎。或许，在现实生活中我们应该试着去学习低头，学会认输。其实这并不难。只是当你知道，自己摸到一张烂牌时，不要再希望这一盘是赢家。只有傻子才在手气不好的时候，对自己手上的一把烂牌说，我们只要努力就一定会胜利。学会低头，就是在陷入泥潭时，知道及时爬起来，远远地离开那个泥潭。学会低头，就是在上错了公交汽车时，及时下车，另外坐一辆车子。

低头是需要勇气的，试想，为争一时之气而拼个你死我活，于己于事又有何益呢？泰山压顶，先弯一下腰又何妨？折断了就永远断了，而弯一下腰还有挺起的机会。

明太祖朱元璋在位时，有一位吏部官员，名叫王朴，曾因直谏，犯了龙颜而被罢官。不久，又被起用做御史，他马上评议当时的时政。在朝廷之上，多次与皇帝争辩是非，不肯屈服。一日，为一事与明太祖争辩得很厉害。太祖一时非常恼怒，命令杀了他。等临刑走到街上，太祖又把他召回来，问："你改变自己的主意了吗？"王朴回答说："陛下不认为我是无用之人，提拔我担任御史，奈何摧残污辱到这个地步？假如我没有罪，怎么能杀我？有罪何必又让我活下去？我今天只求速死！"朱元璋大怒，赶紧催促左右立即执行死刑。

故事中的王朴生性耿直也太不开窍了，走到了断头台他心中那种傲气犟劲还没有改，而且越来越旺，连皇帝给他机会都不要。这固然是受愚忠的毒害，但也与他心高气傲、不懂处世策略有很大关系。他不懂得弯与折的辩证法——尤其在一言九鼎的皇帝面前，以致毫无价值地送了自己的

修己

小命。

在人生道路上，我们常常因光彩的事物而迷失了方向，以不屈不挠、百折不回的精神坚持到底，结果输掉了自己。所以用平和的心态，学会低头，这恐怕应该是最基本的生活常识吧。学会向生活低头，学会融入生活，这是我们每一个人成长的必经之路。在个性化、时尚化、特殊化泛滥的今天，或许很多人会对"向生活低头"嗤之以鼻，以为是陈年旧物。其实，学会向生活低头，就是学会了更好地融入周围的生活圈中，更快地适应生活。

学会向生活低头，就是学会"蓄势"，为将来"待发"做好充分的准备，懂得厚积薄发。余秋雨先生曾在《为自己减刑》一书中提到了他的一位狱中朋友，在监狱里苦学英语，并终有所成。刑满释放时，带出了一本60万字的英语译稿，且出狱时神采飞扬，丝毫不像受过牢狱之灾的人！他的这位朋友学会了向生活低头，学会了"利用"生活，学会了先"委屈"于生活，后"俘虏"了生活，并最终能够主宰自己的命运。

学会低头，是处世的一门艺术，是为人的一种至高境界，是认真生活着和生活过的人的一种很好的体会、总结。因此，我们要在生活的历练中来磨练自己低头的智慧，低头的涵养性，让自己在生活中少碰些壁，小走些弯路。

49. 对生活不必苛求

生活本身就不是完美的。不要对生活过分的苛求，超脱于现实，无求于生活，一切就都会自然而然。

我是一位70后，儿时生活在一个国家还很贫困的年代。记得小时候，家里清贫，对于穿着打扮并不苛求，有啥穿啥。妈妈只在过年时给我添置一套新衣服，直到那补丁再也无法容下为止。一般都捡亲戚朋友家小孩的旧衣服穿，一旦谁家送来一堆旧衣旧裤，我像发现了一座金矿似的，欣喜若狂地翻捡。一次，我穿了一条男童式的裤子，被男同学取笑了一通，我却不以为然，依然很喜欢。

随着年纪一天天的增长，生活也一天比一天地好，后来家里也不缺吃少穿了，我的思想上也渐渐地转变了不少，我开始注意起自己的体形来，那时觉着自己的小腿粗，总不好意思穿裙子。看着身边的不少同学那健美的小腿，少不了向往，开始异想天开，姐姐是个比较胖的女孩，她是一直爱赶时髦的人，一直想自己能瘦下去，因此，试了不少减肥方法，我也向她讨教了几招，开始是每天喝几口醋，后来实在坚持不住，又改成每天多吃萝卜少吃饭。我是一个没恒心的人，就这样有一天没一天的，那小腿上的肉没减掉，健康问题倒落下了不少。

记得有一年，市场上出现了一种"增高"广告，我来了兴趣，对自己

的身高一直不满意的我还是受不了诱惑陷了进去,那高挑修长的身材是我梦寐以求的,怎能不去试试看呢?因此,在翻阅了不少有关"增高"的广告后,最终把目光投向了一家,把自己平时积攒的零花钱全投了进去,在一段又焦虑又美好的期待中,终于收到了一个鼓鼓的邮件,在拆开那包东西时,我的心弦扣得紧紧的,浏览了那些一文不值的说明书后,如当头一棒把我整个希望都击破了,从失望到愤怒,从愤怒到要报复,随即提起笔向那家公司发起攻击,对他们的"坑蒙拐骗"大肆指责了一番,想想我是多么的愚昧与无知啊!

是什么蒙蔽了理智呢?是我对"美"的苛求,是我追求"完美"的迫切心理,致使被那些为追求利益而不择手段的商家乘虚而入。

类似的人当然有很多,有些人在学习上的苛求、有些人在金钱上的苛求、有些人在感情上的苛求、还有些人在生活细节上的苛求……

当然,"苛求"有利也有弊,比如有些人严格要求自己,力求做到最好,即使未能达到先前预定的目标,却也能坦然处之。而有些人往往把"苛求"逼向钻牛角尖的程度,往往把事情想的太美好,过多的追求一些不切实际的东西,一直生活在另一个世界里,与现实社会脱节,不能客观地认识事情,一旦事情的发展不是自己所想的那样,就变得消极,易走极端,甚至摧残自己的人生。

正如有位作家所说的:"这世界并不完美,它生成是如此,而我们却是这世界的一部分,我们由这世界诞生,先天就带来了它所具有的好处,也带来了它天然的缺点,不要用苛求的眼光去看世界,而是以一种宽容平和的生活态度去面对。"

如果那些爱钻牛角尖的人能够及时地摆正自己的心态,客观地面对生活,不要对生活过度的苛求,才能得到的更多,生活也会更愉快。

50. 培养你的定力

1400年前,一位印度僧人在嵩山五乳峰的一个岩洞中坐禅。传说他坐禅时,面对石壁,两腿盘曲,双手作弥陀印,二目下视,五心朝天,入定后,飞鸟在他的肩上筑巢他都不知,直到开定后才起身走动,待疲倦消失,便继续坐禅。如此坚持9年,以至于在石壁上留下了他坐禅的影像。后来,他授予弟子慧可《楞伽经》四卷,使禅宗得以在中国流传。此人便是在佛教史上被称为"禅宗初祖"的菩提达摩。

"达摩面壁"的故事生动说明了修行佛法、得成正果要有定力。扩展开来细想一下,人们成就任何一项事业、打造自身的核心竞争力,又何尝不需要定力?学文者需要定力,有定力方能耐得住寂寞、甘坐冷板凳,潜心钻研,有所成就;习武者需要定力,有定力方能不怕苦累,冬练三九、夏练三伏,练就高超武艺。

从这个意义上说,保持定力是一种目标持久、信念执著的良好心态和处世方式。有了定力,就有了力量,任何艰难困苦都变得微不足道,任何干扰诱惑都不能动摇初衷。"蚓无爪牙之利,筋骨之强,上食埃土,下饮黄泉,用心一也。"对于许许多多的成功者而言,比常人具备更强的定力是其成功的最大秘诀。农民科学家吴吉昌为了周总理的嘱托搞棉花试验,他"吃也想棉花,睡也想棉花",10年浩劫中人家不让他搞试验他就在自

己家里偷偷搞，终于培育出棉花新品种，为祖国的农业发展作出重要贡献。贝多芬双耳失聪后，不是一味怨天尤人，而是保持定力、坚持音乐创作，耳朵聋了听不见，就把筷子插进钢琴的发声器，以震动来辨别音调，创作出了著名的《第九交响曲》。

没有定力，难成大事。生活中不难看到这样的例子，有的人构想美好人生愿景，规划宏伟人生蓝图，但心猿意马、三天打鱼两天晒网，最终一事无成；有的人在人生道路上遇到困难挫折，不是奋发有为、愈挫愈勇，而是怨天尤人、自怨自艾，甚至自暴自弃、悲观厌世，结果蹉跎岁月、毫无建树。人的定力来自时时刻刻去打消贪念，因为在这物欲横流的社会，我们都很容易被色欲、财欲所击倒。

现代人的生活，房子、车子、票子、本子、位子……构成了大多数人的生活目的，在这诸多"有意义的事"下面，"好好生活"似乎显得有点没意义了。这么多的目标，这么大的压力，还怎么任由自己好好活呢？不俗的人也许可以做到，不过谁又敢说自己毫不媚俗？除非你不食人间烟火。至少不用吃饭，而且不会生病，长生不老，不怕死亡……除此之外谈超脱，恐怕自己都不会信，只怕到时脱俗不成反却成了恶俗。

不过我还是很钦佩那些顶着这些人生必然的压力，哪怕只是应付生存的压力就可以的那一部分人，他们可以玲珑地应对时事，把人生处世、谋法求生作为一场大戏去做，即大手笔的逢场作戏。无论周围的环境怎样，总能找到自己发展的道路，不断迈向早已树立好的目标奔往远方。我相信，成功的人，他的心里一定有一份超出常人的定力，如果说这算作优势的话，这种优势就是"执著的傻"。成功的人也许真的很傻，他傻的只拧出一根筋来，不走回头路，执拗得好像顽石不通世故，只不过有的人会将这种坚持隐藏起来，有的人则不会也不想去掩饰。

能控制自我的人是有定力的人，定力应该是种精神上的力量。每天坚持六点起床是一种定力，久而久之这种定力转化为生物时钟的运转，六点

50. 培养你的定力

钟起床就成了你每天生活的一部分。

想了解别人,最好的方式就是"倾听"和"观察",倾听和观察需要的是一种定力。心浮气躁的人,也是耳目闭塞的人,有多少生活的真谛离他们远去,他们却全然不知。不善倾听和观察的人,是因为种种原因没有一副胸怀能容进别人的声音。不要急于表达自己没有成熟的想法,而要在"倾听"和"观察"中完善自己的想法。我们常说"静下心来",可有的人就是不能静下心来,也就是说没有定力,对于完成一般性的稍有创造的工作就感到束手无策,因为静不下心来,所以不能有好的创意。

有定力就会产生信心和毅力。能控制自我的人有定力,不会被困难所吓倒,不会被外力所牵引;放任自我的人没有定力,凡事由外力所左右,摇摆不定、犹豫不决、彷徨不前、畏难驻足、患得患失。所以,我们要培养自己做事的定力,有了定力,我们才能静下心来做自己的事。

51. 乐于忘记

我们不但要善于记忆，还应该学会忘记。应时时刻刻排解多愁善感的情绪，把烦人的往事放在一边，只有这样，我们才能有好的心情去生活。

古人云："人之有德于我也，不可忘也；吾有德于人也，不可不忘也。"这句话的意思是：别人对我们的帮助，千万不可忘了，反之，别人倘若有愧对我们的地方，应该乐于忘记。

乐于忘记是一种平衡心理的最佳选择；乐于忘记是一个人有度量、有修养的体现；乐于忘记是快乐人生的一大特征。

在我们的现实生活中，如果能够有选择性地忘记一些应该忘记的事情，绝对是好事一桩。国学大师季羡林先生曾在一篇文章中写道：

……然而忘事糊涂就一点好处都没有吗？我认为，有的，而且很大。自己年纪越来越老，对于忘的评价却越来越高，高到了宗教信仰和哲学思辨的水平。苏东坡的词说：人有悲欢离合，月有阴晴圆缺，此事古难全。他是把悲和欢、离和合并提。然而古人说：不如意事常八九。这是深有体会之言。悲总是多于欢，离总是多于合，几乎每个人都是这样。如果造物主如果真有的话不赋予人类以忘的本领，我宁愿称之为本能，那么，我们人类在这么多的悲和离的重压下，能够活下去吗？

的确，山川也载不动太多悲哀。只有忘掉生活的哀愁，世界才能为你

51. 乐于忘记

展现它美好的一面。

因为忘记，世界变得美好；因为念念不忘，很多人的生活越来越糟糕。你经常可以听到人们劝那些想不开的人："忘了他吧！"忘，往往是惟一的办法。但想不开的人往往会说："这么多年了，我忘不了他！"这种人是谁也劝不了的。佛教修行讲究慧根，而他们则缺少生活的慧根。他们并不知道，如果不懂得忘，即使他们能在一起，他们也快乐不到哪里。因为不管你跟谁生活在一起，也不可能万事如意。你只能选择忘掉那些不如意。忘掉才能释然，一个频频回望的人，是走不好生活的路的。一个拖着一箩筐的郁闷赶路的人，不仅他自己累，身边的人也累。

戴尔·卡耐基讲过一个颇具普世价值的小故事：

我的姑妈伊迪丝和姑父弗兰克住在一栋被抵押的农庄里。那里的土质很坏，灌溉条件又差，收成也不好。他们的日子很艰难，每一个小钱都得省着用。可是伊迪丝姑妈却喜欢买一些窗帘和小饰物来装饰她的穷家，她曾向密苏里州马利维里的一家小杂货店赊过这些东西。姑父弗兰克很担心他们的债务，而且不愿意欠债，所以他私下里告诉杂货店老板，不让他赊东西给我姑妈。我姑妈听说以后，怒气冲天——虽然这件事已经过去了将近50年，可直到现在她还在大发脾气。我曾经不止一次听她说起这件事。我最后一次见到她时，她将近80岁了。我对她说："伊迪丝姑妈，弗兰克姑父这样羞辱你确实不对；可是你有没有觉得，自从那件事发生之后，你差不多埋怨了半个世纪，是不是有点过分呢？"不管她承认与否，我的姑妈对这些不愉快的记忆所付出的代价实在太大了——她付出的是她自己内心的平静。

绝大多数原本恩爱的夫妻分道扬镳，都是由于一些鸡毛蒜皮的小事。当然，这对他们来说未尝不是好事。如果让他们这样生活一辈子，那才是悲哀。有些做太太的，正像故事中的伊丽丝姑妈一样，念念不忘丈夫当年的不是，大到婚外情、不忠、苦虐，小到有一天睡觉时不小心压到了她娇

嫩的肌肤……平时没事还好，稍微有点摩擦，这些陈芝麻烂谷子便一条一条被相继搬出，其记忆之精微着实令人佩服。但一旦让她们记一些有用的知识，她们的脑袋却又像榆木一样不开窍。

许多原本应该大度、应该粗线条、应该神经比较大的男人也如此。某年某月某一天，一位好友酒醉后开了一句玩笑，一个亲戚无意说了一句不太中听的话，对方都不知道怎么得罪了他们，他可以记上好几个月，好几十年，甚至老死不相往来。何必呢？即使对方真的做了什么对你来说不能饶恕的错事，你也应该尽早忘记。这世上没有被恨死的人。你每天咬牙切齿地恨对方，其实是在跟自己的心情过不去。忘记，不仅是一种风度，也是一种智慧。忘了，风清云淡；不忘，就让它继续残酷地折磨你。

忘记，不仅是对自己好一点，也是一种难得的品格。

有一次，阿拉伯著名作家阿里和吉伯、马沙两位朋友一起旅行。三人行经一处山谷时，马沙失足滑落。幸而吉伯拼命拉他，才将他救起。马沙立即在附近的大石头上刻下了一行字："某年某月某日，吉伯救了马沙一命。"三人继续前行，来到一处河边，不知什么原因，吉伯和马沙吵了起来，吉伯一气之下打了马沙一耳光。马沙强忍怒火，在河滩上写道："某年某月某日，吉伯打了马沙一耳光。"旅行结束后，阿里好奇地问马沙为什么要把吉伯救他的事刻在石上，又将吉伯打他的事写在沙上？马沙回答："有些事情必须牢记，有些事情必须忘记。写在石头上的字迹永远不会消失，我对他的感激之情也会永远存在。至于他打我的事，我会像沙滩上的字迹随着潮水迅速消失一样，忘得一干二净。"

我们的确应该记住某些事，但我们更应该学会忘记某些事。人之所以会烦恼，是因为记性太好，而且专门记那些让他烦恼的事。但念念不忘又能怎样？人生很多事情，把美利坚合众国的十个航母战斗群全调来，也改变不了。忘记，是最好的办法，也是惟一的办法。

52. 要学会适应生活

生活质量的高低在很大程度上取决于外部环境。当外部环境好的时候，我们往往能够有一个美好的生活；当外部环境恶劣的时候，我们往往会生活得相对困难和痛苦。而在现实生活中，每个人的生活都是不一样的，造成这种现象的原因就是每个人的主观能动性发挥得不一样。有些人充分利用外部环境，再加上自己的主观努力，获得了自己想要的生活；而有些人则缺乏主观能动性，将自己的生活完全交给了外部环境，或者是他的努力不足以改变外部环境。也就是说，我们的生活如何是在外部环境的基础之上进行个人改造而得来的。"适应"生活，正是要我们对外部环境的服从。现实的环境在某种程度上来说是难以改变的，我们必须适应，才能够拥有生活。

在西汉时，有个叫匡衡的小孩，出生于一个农民家庭。在那个年代里，农民家庭的孩子是读不起书的，匡衡也不能例外，他也没有钱读书。但是他有个亲戚是识字的，于是，匡衡就跟着他学，终于有了自己看书的能力。

但是因为家里穷，匡衡买不起书，只能借书看。那个时候的书籍是很贵重的东西，没有人愿意外借。匡衡只能在农忙的时候，在有钱人家打工，不要工钱，而只求有钱人能把书借给他看。

过了几年,匡衡长大了,成了家里的主要劳动力,空闲的时间也越来越少了。他一天到晚在地里干活,只有中午歇晌的时候,才有工夫看一点儿书,所以,一卷书通常要十天半个月才能看完。于是,匡衡就想晚上看书,但是那个时候家里很穷,根本点不起油灯,该怎么办呢?

这天晚上,匡衡正躺在床上回忆白天看过的书,突然,他发现从东边的墙壁上,隐隐约约地传来一束光。他"噔"地站起来,走到墙壁边一看,原来是从壁缝里透过来的邻居家的灯光。于是灵光一闪,匡衡想到了一个好办法:他拿了一把小刀,把墙缝挖大了一些。这样,透过来的光亮也大了,他就凑着透进来的灯光,读起书来。

就这样,匡衡在那样艰苦的环境下不懈地努力着,最终成为了一名大学问家,后来官至丞相。

"适应"生活,正是要求我们对外部环境的服从。现实的环境在某种程度上来说是难以改变的,我们必须适应,才能够拥有生活。然而,如果我们一味地"适应",这就不再是"适应",而变成了"迁就"。一旦我们"迁就"生活,那么必然会被不利的社会环境所左右,影响我们的生活质量。只有在"适应"的基础上努力去改变,我们才能够摆脱现有的不利的生活环境,在新的环境中有所作为。正如季羡林先生所说:

我们所要适应的都是进步的,美好的事物。比如说,当我们还是顽童的时候,突然有一天让我们去读书,那种感觉必然是不舒服的,但是却是对我们有好处的,那我们就必须学会适应学习的环境,当国家取消大学生的计划分配制度,而将大学生推入就业市场的时候,也使得"天之骄子"颇不习惯,但是这确实是社会的进步,所以,越来越多的大学生摆脱了对计划分配的依赖,凭借自己的努力开创了自己辉煌的事业。再比如说,电脑的出现曾经让很多人措手不及,一些已经有了根深蒂固的习惯的人对于这种新生的事物没有多少好感,但是我们不得不说,电脑的出现改变了我们的生活。那我们就必须去适应有电脑的生活,学习电脑的使用。只有这

52. 要学会适应生活

样，我们才不会被生活所淘汰。

我们生活的周遭环境在不断地发生着各种各样的变化，如果我们不能适应，那么我们就无法很好地融入生活。长久下去，我们就会故步自封，我们的生活质量也会因此而下降。所以，"适应"生活是享受生活的第一步。

人生有很多的无奈，但有些事情是我们不能把握和控制的。比如，我们生在了经济发达的大城市，高考的时候遭遇了变革，大学所读的专业不是自己喜欢的，毕业后又碰上几百几千人为抢一个饭碗挤破脑袋的局面，想结婚又面临着房地产的天价的上涨，想退休又面临着退休年龄往后退移……也许这都是时代的错，比这更让人难以接受的是，我们的身体天生就不完美。面对这些，有的人学会了抱怨，抱怨自己没有生在一个更好的时代，抱怨上天对自己是多么的不公平。可是，抱怨的结果又能怎样呢？也只能徒增悲伤和烦恼，或者把自己推向苦恼的沼泽地。

既然抱怨也无济于事，我们就只能接受，接受遭遇的不公，接受生活的真相。就像我们打扑克的时候，无论抓到的是一手好牌还是烂牌，都要想办法，发挥出最高的水平去赢下来。勇于接受生活真相的人，才能成为真正的强者。

大家一定熟悉中国著名小说家、散文家史铁生吧，他是一位双腿瘫痪的作家，史铁生生前数十年与疾病顽强抗争，在病榻上创作出了大量优秀的、广为人知的文学作品。他的作品多次获得国内外重要文学奖项，多部作品被译为日、英、法、德等文字在海外出版。

他的写作与他的生命完全同构在了一起，在自己的"写作之夜"，史铁生用残缺的身体，说出了最为健全而丰满的思想。他体验到的是生命的苦难，表达出的却是存在的明朗和欢乐，他睿智的言辞，照亮的反而是我们日益幽暗的内心。

不要抱怨上天给予自己的不够多，也不要抱怨自己的命运是如何的坎

坷，很多有所成就的人，比如霍金、比如贝多芬、比如海伦·凯勒，他们的惊人成就并不是因为上天多么垂青他们，而是因为他们勇于接受事实，接受生活的真相。

　　所有发生的事情，都是注定无法改变的真相。你若想否认这些事实，其实就是在否定自己。我们要学会接受真相，不能与不能改变的现实较劲，才有精力去"改造"自己不尽如人意的命运。

53. 树立正确的财富观

钱是个好东西也是个坏东西。既可以激励人，也可以毁灭人。为了提高生存能力和生活质量，获取财富是天经地义的。但如果没有正确的财富观做指导，在获取财富的道路上就会走错方向，走错路，甚至于葬送自己的前程而毁灭了自己。因此，在社会上行走，我们要提高自己的财富修养，树立正确的金钱观，才能在物质生活和精神生活不断提高的过程中，获得幸福的人生。

不同的人的眼中对金钱的看法并不同，而怎样才能正确运用、对待金钱呢？必须要有智慧的人才能正确对待。钱能做什么？钱不能做什么？钱能买来食物，却买不来食欲；钱能买来药品，却买不来健康；钱能买来关系，却买不来友谊；钱能买来东西，却买不来时光。所以我们不要把钱看得太重，有钱也有许多不能解决的问题。对于金钱，我们要树立正确的金钱观：

（1）要学会正确使用金钱

钱，就是这样，关键是学会正确使用金钱，当你把它用在正道上时，你就会看到它不断闪耀着美丽的光辉。能正确使用金钱去实现自己的心愿，造福于人类子孙万代，是一个人最大的幸福，在这里让我们看看诺贝尔是怎样使用金钱的？

诺贝尔的名字全世界几乎无人不知,他所设立的诺贝尔奖是世界上任何大奖都无法比拟的。可以说,诺贝尔奖对世界历史进程的影响比诺贝尔本人的所有发明和产业都要巨大得多。

人称"炸药大王"的诺贝尔一生中所积累的财富是巨大的,即使在今天来看,也堪称巨富。他的财产总共约有 3300 多万瑞典克朗。诺贝尔一生未婚,但有其他亲属,他完全可以把这笔财产留给他们。然而,晚年的诺贝尔在考虑财产安排的时候,他却想的是如何用这笔财富去推动人类的文明和进步。

诺贝尔是个伟大的发明家,他发明的炸药在工业和建筑等行业中发挥了很大的作用,但炸药也可以被用于战争,成为杀伤人的有力武器,炸药的爆炸力越强大,所造成的伤亡也就越多。任何事物都具有两面性,是好是坏全在怎样运用,这本是无可奈何之事。然而,诺贝尔对此却怀着深深的不安,因此,他希望把自己的财富献给整个人类的和平、幸福和进步事业!诺贝尔为了实现他的这一伟大心愿,在他生前的最后 10 年里,曾先后三次立下过非常相似的遗嘱,最终设立了如下五项大奖:

① 在物理方面作出最主要发现或发明的人。

② 在化学方面作出最重要发现的人。

③ 在生理或医学领域作出最重要发现的人。

④ 在文学方面曾创作出有理想主义倾向的最杰出的作品的人。

⑤ 曾为促进国家之间的友好、为废除或裁减常备军队以及为举行与促进和平会议作出最大或最好工作的人。

同时,诺贝尔在遗嘱中还明确规定:"在颁发这些奖金的时候,对于受奖候选人的国籍丝毫不予考虑,不管他是不是斯堪的纳维亚人,只要他值得,就应授予奖金。"这就使得诺贝尔奖跨越了国界的限制,成为有史以来世界上影响最大的奖项。

(2) 金钱不是财富的综合代表

53. 树立正确的财富观

既然是综合代表，就简单逻辑推论，拥有金钱就是拥有财富；相应地，人们对金钱的追求，也就是对财富的追求；人们对待金钱的态度，也就是对待财富的态度了。其实，这种简单逻辑推论是有问题的，因为金钱仅仅是财富的"综合代表"，而不是财富本身——你握有黄金或是美元，它们并不就是汽车、住房，还不是清洁的空气、纯净的饮水，更不等于精神的愉悦、生活的充实和思想的自由，尽管使用黄金或是美元，你可以交换到这些真实财富的一部分。换言之，金钱与真实财富之间有着密切的关系，但金钱这个"综合代表"与真实财富之间还有一段距离。何况许多财富还是金钱无法代表、度量和交换可以得到的。

正是由于金钱与真实财富之间的这种关系，我们不应将金钱与财富等同起来，更不应简单地将追求金钱和拥有金钱与体现人生价值、追求幸福等同起来。关于金钱，我们需要一种财富的智慧。

(3) 财富是一个包罗万象、内容非常广泛的概念

就现代社会生活中人们普遍的理解来看，它既包括服务于人生存、生活的物质产品，又包括人的心理愉悦、精神满足等非物质产品；既包括可以私有化到个人或家庭的"私有财富"（如家庭房产），又包括难以私有化的"共有财富"（如蓝天白云、清洁空气）；既包括直接从大自然获取的东西，又包括人为制造出来的东西；在人为制造的东西中，既包括物化有形的产品，又包括制度、规则、习惯、传统、风俗等非物化的文化产品，还有那宗教、信仰、意识形态、主观价值判断等等纯粹理念的存在。概括地讲，财富就是现实生活中人们所追求的、个人认为有价值的一切东西的总和。对于现代社会生活中的个人来说，追求各种各样的财富，是人生的全部内容，也是人生的全部目的所在。只是看你如何来确定你心目中的"财富目标"罢了——有人追求物质产品的丰裕；有人追求精神境界的满足；有人追求宗教过程的宁静；有人追求信仰实践的磨砺。如此众多的财富目标追求选择，让我们这个世界充满了生气和色彩。

不无遗憾的是，在货币经济时代里，金钱在相当大的程度上单调化了人们对于财富多样化目标的追求选择。金钱似乎代表着、度量着世间一切财富的价值，并似乎可以交换到世间的一切财富。人们对它的追求和拥有，似乎就是对一切财富追求和拥有的代名词。这样一来，人生的目的，除了追求和拥有金钱，也就不再有别的任何有价值的东西存在了。毫无疑问，这是一种假象，但这种假象迷惑的却是绝大多数人，特别是当金钱可以用来免除劳役和人身处罚、购买婚姻、抵偿生命时，金钱便与人生价值直接关联，"金钱万能"这种假象的程度就越发加大了。

基于金钱是财富的"综合代表"却不是财富本身，以及金钱并不能够完全度量、代表和交换一切财富的理解，我们关于金钱的智慧就是：在现实社会生活中，我们既要追求金钱，以获得它能够代表的财富（如住房、汽车等），也要追求金钱不能够代表的财富（如内心的平安）；我们要拥有一定量的金钱，但不能够停留于只是拥有金钱的状况之中，也要享受金钱所能够交换到的真实财富本身，也就是要会花钱。否则，我们就只是空洞地拥有金钱财富形式，成为地道的"守财奴"；我们要在一定的时空里追求金钱，也要在一定的时空里放弃追求金钱来享受足够的人生闲暇。在这样的智慧人生中，金钱就将永远是你忠实的仆人，你就将赢得生活的丰富内容和人生价值的真实实现。或者说，你就是在智慧地生存和生活着。

（4）要做金钱的主人

《茶花女》书中有一句名言："金钱是好仆人、坏主人。"是做金钱的主人，还是做金钱的奴隶，这反映了两种不同的金钱观。

金钱观是对金钱的根本看法和态度，是和人生观紧密相连的。金钱是适应商品交换的需要而产生的，随着商品经济的高度发展而逐渐成为财富的象征。资产阶级金钱观有两个特征，一是"金钱至上"。他们从本阶级和个人的私利出发，把金钱放在至高无上的地位，一切向钱看。只要能获取金钱，可以不择手段。二是"金钱万能"。他们夸大金钱的作用，鼓吹"有钱能使鬼推磨"、

53. 树立正确的财富观

"金钱决定一切"、"金钱就是幸福"。

马克思主义科学地揭示了金钱的本质和历史作用,认为金钱作为物质财富,是人类创造的,并为人类服务,人类应当是金钱的主人,而不是金钱的奴隶。人们依靠自己的劳动创造财富,获取财产,金钱是光荣的,而那种用剥削、掠夺欺诈的手段不劳而获,则是可耻的。金钱在促进商品交换的过程中起了重要作用,但金钱并非万能,世界上有比金钱更重要、更宝贵的东西。

居里夫人放弃"镭专利"的巨额金钱,毅然将炼镭的技术公布于世,并把价值100万法郎的世界第一克镭捐献给治疗癌病的研究所。著名数学家华罗庚于1950年拒绝美国伊利诺大学终身教授的重金聘约,携妻子儿女一起越过太平洋的惊涛骇浪,投身于祖国的建设事业。

金钱是幸福生活的必要条件,但金钱并不等于幸福,只有拥有物质生活富裕而精神生活充实的人,才会有真正的幸福。

(5) 积极地创造财富,快乐地享受财富

人人都希望能够拥有财富。人的欲望是无止境的,只有适度追求财富,快乐地享受财富,才是最明智的人。过去,我们曾经认为做一个万元户就应该满足了,可是后来,有了一万,就又想有十万,有了十万就会想百万,总之,这是没有尽头的。如果欲望没有尽头,那么,你就永远无法享受生活的快乐,你就是一个缺乏财富智慧的人。

苏霍姆林斯基说得好:"只有当财富为人的幸福服务时,它才算作财富。"金钱不等于价值,只有当它为人的幸福服务时,才是有价值的。

钱不是万能的,但没钱是万万不能的。在财富面前,要保持一个平常的心态,回归平淡,才能享受财富给带来的快乐。

54. 要注重自己的形象

我们每个人都有一种很自然的行为，就是当初次与人会面时，会不自觉地去估量对方，捕捉一些有用的信息，从而判断出对方是何等人物，比如：这个人多大年纪？经济状况如何？什么性格？做什么工作？教育背景如何……

这就是我们常讲的第一感觉，也是"6秒钟决定一个人"的事实。

现在的社会，势力之人处处都是，如果他感觉你是个成功者、有钱人、有权人，他会对你另眼相看，以"贵宾"之道待之，而如果他感到你是个没钱人、没权人，他还是会"另眼看之"，心想：这人连我还不如呢，懒得理他。

为什么有的销售人员总被拒之门外？

为什么有的求职者总找不到工作？

为什么有的人总找不上对象？

……

读读这则故事，你就会明白一切。

一个人走进饭店要了酒菜，吃罢摸摸口袋发现忘了带钱，便对店老板说："店家，今日忘了带钱，改日送来。"店老板连说："不碍事，不碍事。"并恭敬地把他送出了门。

54. 要注重自己的形象

这个过程被一个无赖看到了,他也进饭店要了酒菜,吃完后摸了一下口袋,对店老板说:"店家,今日忘了带钱,改日送来。"

谁知店老板脸色一变,揪住他,非要剥下他的外衣不可。

无赖不服,说:"为什么刚才那人可以赊账,我就不能赊?"

店家说:"人家吃菜,筷子在桌子上摆放整齐,喝酒一盅盅地喝,斯斯文文,吃罢掏出手绢揩嘴,是个有德行的人,岂能赖我几个钱?你呢?筷子摆放横七竖八,狼吞虎咽,吃上瘾来,脚踏条凳,端起酒壶直往嘴里灌,吃罢用袖子揩嘴,分明是个居无定所、食无定餐的无赖之徒,我岂能饶你!"一席话说得无赖哑口无言,只得留下外衣,狼狈而去。

为什么那个老板信任前面的那个人呢?答案就是对方的形象。我们时时被教导不要用外表来评价一个人,不过我们也不得不承认我们都是一群靠眼睛"吃饭"的人,我们已经习惯了用眼睛看到的一切来替我们作判断:这个人是否可靠?这个人的出身怎样?这个人是否成功?他是否接受过高等教育?我们和他合作能否做到诚信……由此可见,我们不能忽视外在的东西,因为,我们大多靠眼睛来扫描,用目光去丈量,凭借外在的东西来衡量。

罗伯特·宠德曾说过:"大多数不成功的人之所以失败,是因为他们首先看起来就不像个成功者。再者,他们看起来就不想成功,或者根本就不知道什么是成功,或者当成功的机会到来时,他们不知道如何把握成功。"一个成功的人如果忽略了对自己外在形象的维护,看起来不像个成功的人,是难以得到人们的尊重和信赖的,也会错过许多难得成功的好机会。所以说形象对事业的成功往往起着举足轻重的作用。君不见在许多高级饭店门口,保安人员总是把客人的卡迪拉克、奔驰、宝马等名牌高级轿车安排到停车场最醒目的位置,这是一种最简明、最直观的活广告:我们招待的顾客都是有身份的,我们为顾客提供的服务是一流的。其实,这不过是饭店经营者借用客人的豪华轿车给自己的脸上搽脂抹粉,装扮一个好

面孔,以树立优秀的企业形象,从而吸引公众的眼球、招揽生意罢了。

由此可见,企业形象是有价的,它能带来丰厚的回报。同样,良好的个人形象,能为自己赢得更多的机遇。

形象可以说是一个人综合代表的外化。形象代表一个的品位、代表一个人的修养、代表一个人的气质、代表一个人的身份、代表一个人文化,甚至于能力。它关系着面试成败、工资高低、职位晋升、合作顺利等事业与生活的方方面面。良好的个人形象可以使你走向富裕和成功,不良的形象则使人在工作及生活中障碍重重、步履维艰。

李莉是一位精明能干、事业成功的女企业家,也是个性张扬、追求漂亮的唯美主义者。

李莉经营个人形象如同经营她的事业一样一丝不苟,她对自己的仪表、举止要求甚严,总是以高贵、优雅、大方、得体的形象出现在职场上、商场上。她光彩四射的魅力,也为她的公司迎来滚滚财源。

李莉的事业理念就是:"一个公司老总的外表彰显着一个公司的实力、公司的信誉度与公司的美誉度。"

因此,她的服饰都极其考究,每一件衣服都是她精心选择的,显得得体、大气,每一件饰品都显得高贵、精致。她的身上散发着一种成功味,一种诱人的女人味,她也正是凭借这种独特的女人魅力,赢得了客户、赢得了财富、赢得了成功。

一个成功者的形象,展示给人们的是自信、尊严、力量、能力,它不仅反映在对别人的视觉效果中,同时也彰显出你内在蕴涵的优良品质,通过你的穿着、你的举动、你的口才,让你浑身都散发出一个成功者的魅力。

随着经济的快速发展,竞争也愈演愈烈。优胜劣汰、适者生存已成为自然界和人类社会共同的生存法则。而竞争是个性的天地,参与竞争的个体,不论是企业、个人还是商品,要想在激烈竞争的波峰浪尖上立于不败

54. 要注重自己的形象

之地，就必须独具特色，既有良好的品质，又有精彩的包装与形象。

曾任美国总统礼仪顾问的威廉·索尔比这样说过：当你走进一个房间，即使房间里没人认识你，或者只是跟你有一面之缘，他们就可以从你的形象上对你做出以下十个方面的推断：经济水平、受教育程度、可信任程度、社会地位、个人品行、成熟度、家族经济地位、家族社会地位、家庭教养情况、是否是成功人士。

人类是视觉动物，我们不得不承认这个事实，形象比内涵更直接；以内涵为后盾的形象才能持久。在今天这个飞速发展、竞争异常激烈的时代，谁得不到别人的注目，谁就面临着失败；谁吸引不到别人的眼球，谁就没有机会。因此，我们不妨改变一下观念："为漂亮而穿"改变成"为成功而穿"！

从现在开始做自己的"形象设计师"吧！为了自己卓越的前途而穿着；为了自己能获得更大的成就而改变我们的姿态；为了提高我们品位而审视自己的仪表；为了增强事业的竞争力而注重我们的形象……这样会让你与众不同、让你备受瞩目、让你鹤立鸡群、让你脱颖而出……

55. 口才是人生的一堂必修课

嘴上功夫看似雕虫小技，却有可能因此而影响你的一生。

在繁华的大街上，有一个衣衫褴褛的青年为了寻求到一份工作而奔波了很久，但是，令人感到遗憾的是，长久以来，他一直没有找到一份工作。

一天，他突然闯进了一家500强企业的经理办公室，请求公司的经理给他一分钟的时间，让他讲几句话。

经理对这位贸然而来、衣衫褴褛，但精神看起来还很饱满的年轻人感到十分惊讶。于是，经理答应了他的请求。然而，谈话超出了他的意料，他们之间的谈话竟然持续了一个多小时。最后，经理主动聘请他为公司的员工，并让他担任了一个重要的职位。

也许听到这个故事，你感到有些不可思议，但是口才的魔力就是如此。如果你有一副好口才，即使你没有西装革履，也必定会冲破黎明前的黑暗，让人刮目相看，为自己开创事业的起点。

一个人如果谈吐出现障碍或者表达能力不足，会被人低估他的能力，还会被人扭曲形象。可见，一个人的说话水平和能力已成了衡量人的整体素质的一个不可或缺的重要标准。是否能说，是否会说，实实在在地影响着一个人的成败。

55. 口才是人生的一堂必修课

21世纪是一个充满激烈竞争的时代，实力不可少，交际也相当重要，交际离不开说话，说话能力的高低是一个人在竞争中能否获胜的一个关键因素。一切人情世故一大半体现在说话当中，有多少难办的事因言语得体而水到渠成，又有多少事因口才欠佳而功亏一篑。所以说，这个时代是一个注重语言交流的时代，口才是每一个人必备的素质，是事业成功的利器。

上天赐予每个人一张嘴，有些人用它成就了大事，有些人却让它成了自己的祸根。拥有一张能说会道的嘴巴，就等于拥有了一笔取之不尽的财富。如何把话说活，说得滴水不漏，练就能说会道的本事，让能说会道成为自己的金口才，是现实生活中的你必修的一堂课。

但是，很多人对口才的理解还比较浮浅，仅仅将口才理解为说话。其实不然，口才是由"口"和"才"两大部分组成。"口"主要是我们的口头表达能力，而"才"则是我们可供"口"表达的知识、才学。"口"与"才"缺一不可，有口无才，便是山中竹笋，嘴尖皮厚腹中空；有才无口，则为茶壶煮饺子，满腹经纶却倒不出来。口才是一个人智慧的反映，是影响一个人事业成败、人际和睦、生活幸福、精神愉快的重要因素，也是一种与身相随、永不过时的基本技能。

曾看到这样一则报道——《成都人卖耗子药，听着想吃》，下面我们一起来看一看：

在成都大街小巷转悠着，本地的小贩，不用说卖吃食，就是那沿街叫卖耗子药的，也如唱歌一般美妙动听："哎……耗儿药，耗儿药，耗儿吃了就跑不脱。早点买，快点买，免得耗儿在你屋头下崽崽。买一包，送一包，保你全家清静睡觉觉……"边走边喊，现编现唱，有韵有味，倘不是卖的毒药，恐怕你都会买两包来尝尝。

口才是一个商人成功不可或缺的资本。如果你是位商务人员，你做贸易也好，做管理也好，推销公关也好，商战舌战是不可避免的，凭嘴巴的

修己

本事吃饭，靠智慧的手段生存，无论是社会上的各行各业，还是日常生活中的方方面面，人们都不可避免地用到口才。征服一个人，以至于征服一群人，用的往往不是刀剑，而是舌头。

好口才是游走社会的利器。好口才也是练出来的。没有人天生就口才好、能言善道的，即使是令人钦佩的名嘴或演说家，也不是在任何场合说话都能赢得满堂彩。说话和其他的才能一样，要日积月累，不是一步登天。口才好的人也是在一次又一次的经验中借着观察听众，逐渐掌握技巧，不断提升自己的说话能力。

狄里斯在西欧被称为"历史性的雄辩家"。据说，他天生声音低沉，且呼吸短促，口齿不清，旁人经常听不清他在说些什么。当时，在狄里斯的祖国雅典，政治纠纷严重，因此，能言善辩的人格外引人注目，备受重视。尽管狄里斯知识渊博、思想深邃，十分擅长分析事理，能预见时代潮流和历史发展趋势，但是，他认为自己缺乏说话技巧，容易被时代所淘汰。

于是，他作了一番周密细致的思考，准备好了精彩的演讲内容，第一次走上了演讲台。不幸的是，他遭到了惨重的失败，原因就在于他声音低沉、肺活量不足、口齿不清，以至于听众无法听清楚他所言何事、何物。但是，狄里斯并不灰心，他反而比过去更努力地训练自己的说话能力。他每天跑到海边去，对着浪花拍击的岩石放声呐喊；回到家中，又对着镜子观察自己说话的口型，做发声练习，坚持不懈。狄里斯如此努力了好几年，终于功夫不负有心人，再度上台演说时，博得了众人的喝彩与热烈的掌声，并一举成名。

锻炼口才，功夫主要在平时。因为言语是建立在生活基础上的，有丰富的生活内容、丰富的实践经验，谈话的内容自然也会比较丰富。总之，一个人只有不断地加强内在的修养，广泛猎取知识，拓展眼界，加深学识和生活的积累，不断地练习，才能提高说话水平。

56. 修己之道，又以体育为本

蔡元培先生所著的《中学修身教科书》第一章《修己》一篇中有这样的表述："凡道德以修己为本，而修己之道，又以体育为本。"他认为，身不康强，不能尽孝；身不康强，不能尽忠。"且体育与智育之关系，尤为密切，西哲有言：康强之精神，必寓于康强之身体。"在汇文中学"全人教育"理念中，"增进身体健康"是第一位的。重视体育的意义不仅是为了练就学生一副强健的体魄，更重要的是为了塑造坚毅、勇敢、顽强、大度、乐观和自信等优秀的人格素质。

古希腊最著名的医生希波克拉底克曾说过："阳光、空气、水和体育运动，这是生命和健康的源泉！"古希腊伟大的哲学家亚里士多德也曾说过："生命在于运动！"古希腊有一句格言说："如果你想强壮，跑步吧！如果你想健美，跑步吧！如果你想聪明，跑步吧！"

强身健体是体育运动最本质的功能。医学研究证明：体育运动能够提高机体工作能力，增强机体免疫力，可以帮助人们摆脱亚健康状况，有效地预防和治疗各种疾病，从而有助于延长寿命。更重要的是，热心于体育锻炼的人们，身体的各部分机能都处于良好状态，性格乐观开朗、充满自信、意志坚定、行动敏捷，从而改善生活质量。

古往今来，不知多少人梦寐以求地追求着健康和长寿，但总是失之交

臂。原因是他们花费高昂的代价追求奢侈豪华,却忘记了"生命在于运动"这一身边最朴素的真理。生命在于运动——这是一个永不过时的口号。人在运动的过程当中,身体的结构会随着运动而变化,它可使身体的血液变得"富有",血管富有弹性,血压降低,肺活量增加,心肌更加强壮,心率降低,骨骼密度增强;还可以控制体重,使形体更趋健美,预防肥胖;也能健美皮肤,让皮肤更有亮泽、更紧致、更有弹性;还能提高机体工作能力的耐力,激发和增强机体免疫力,改善不良情绪。

随着科学技术的迅猛发展和经济的全球化,人类社会的物质文化生活水平从整体上有了很大提高,人类的许多疾病得到了根治,健康状况大为改善。但是,现代生产和生活方式造成的体力活动减少和心理压力增大,对人类健康形成了日益严重的威胁。人们逐渐认识到缺乏运动是现代人最大的健康杀手。因此,运动是人类强身健体永远离不开的一种健身活动方式。既然大家都知道,运动是健康的重要手段,为什么社会大众真正每天从事运动的人口比例这么低呢?

记得曾在大学运动队担任队员时,对于众多大学生"埋没"自己运动天分、"放弃"发展身体机能、"拒绝"参与学校运动代表队的现象,始终无法理解。甚至在健身中心,也有部分会员没有参与运动的意愿。尽管,健身老师不时地提醒这些具备运动潜能的队员们,参与投入训练,并向他们宣讲运动的好处与优点。但是,似乎大部分的人,都不会想在年轻力壮的时候,积累自己的健康与学习运动的技能,而且,总是要到年纪大了,身体状况出现问题时,才会重新考虑参与运动的需要。

也有一些运动参与者,他们往往没有考虑到自己的运动能力特征与兴趣喜好,却依据亲朋好友的运动参与经验或意见,来决定参与运动的类型与项目。而且,开始参与运动后,往往将肌肉酸痛、身心疲倦、艰苦、困难、无趣等负面的运动感受,也当成是运动训练的一部分。在这种错误的运动参与经历下,哪里会有持续参与运动的动力?除此之外,不良习惯的养成、自我运动的动机不高、缺乏家庭或社会助力,以及其他各项因素等,也会成为刚开始从事运动的社会大众无法持续与坚持下去的原因。

站在从事体育产业人员的立场来看,教育单位其实也应该反省"为什么从小学、初中、高中到大学,十多年的体育课程教学,没有好好教育学生如何正确地参与体育活动?没有建立学生参与运动的习惯?"无论如何,这里再次提醒你,通过以下的简单方法,可以帮助你克服各种阻力,养成参与运动的习惯:

(1) 确实要了解运动对身体健康的重要性。只有真正了解参与运动的效能、不运动对于健康的不利,才会下定决心参与运动,进而享受到运动的好处。

(2) 收集正确的运动信息,掌握科学的运动方法。通过网站、书籍、媒体、科学报告等的协助,确实了解科学的运动常识,在科学的指导下去参加运动更能出效果。

(3) 制定适当可行的运动处方。在运动科学的基础上,依据个人的体质、生活习惯、周遭环境等,制定适当可行的运动处方。

(4) 设定简易可行的短期目标。经过一段时间的运动,评价短期目标的实现状况。而且,依据身体能力的评价结果,修订运动处方与短期目标,以便持续维持参与运动的正确目标与方法。

(5) 培养运动的乐趣。不仅运动的过程应该在愉快的气氛下进行,而且,也应选择趣味性质较高、危险性较低的运动型态参与。

(6) 寻求家庭或团体的助力。家人或亲友一起参与,或者加入适合自己的运动性社团,藉由团体的力量,协助自己持续不断地参与运动。

(7) "没时间"只是借口,可以选择短时间的间歇运动。运动的效果其实是可以累计的,通过多次短暂的运动参与方式,可以有效解决"没时间"的困境,也能达到健身的目的。

57. 吃苦——人生不可或缺的历练

重大的人生历练能够改变或造就一个人的特质和心态。经受了人生艰难磨砺，人会变得更强大、更积极、更健康，人的个性会趋于更完美。

历练是一种财富。难怪乎，有人说30岁以前的人生计划，要尽可能体验不同的生活、经历不同的工作，并在不同界面表现自己。

30年前，一个年轻人离开故乡，开始创造自己的前途。他临走时，他去拜访本族的族长，请求指点。老族长正在练字，当下就给年轻人写了3个字："不要怕"。然后对年轻人说："孩子，人生的秘诀只有6个字，今天先告诉你3个，供你半生受用。"30年后，这个从前的年轻人已是人到中年，有了一些成就，也添了很多伤心事。归程漫漫，到了家乡，他又去拜访那位族长。他到了族长家里，才知道老人家几年前已经去世，家人取出一个密封的信封对他说："这是族长生前留给你的，他说有一天你会再来。"还乡的游子这才想起来，30年前他在这里听到人生的一半秘诀，拆开信封，里面赫然又是3个大字："不要悔"。前半生"不要怕"，有可能的事都去做，都去经历；后半后"不要悔"，所走过的每一步都值得，接受一切结果。

吃苦和历练能造就一个人。吃苦和历练对一个人形成坚强的性格有重要的作用。吃苦和历练对一个人成熟成长也起着重要的作用。吃苦是一个

57. 吃苦——人生不可或缺的历练

人必备的素质，一个人要具备忍受挫折与失败的能力。

近代著名学者王国维有一个著名的"治学三境界"理论，大意如下：

第一境界："昨夜西风凋碧树。独上高楼，望尽天涯路。"这句词出自宋词人晏殊的《蝶恋花》，大意是说，"我"独自一人登上高楼，眺望远处的萧飒秋景，西风黄叶，前途渺渺，希望何在？王国维将其引申为，做学问者，首先要有执着的追求，登高望远，树雄心，立壮志，排除干扰，不能为暂时的烟雾所迷惑。

第二境界："衣带渐宽终不悔，为伊消得人憔悴。"这句词出北宋词人柳永的《蝶恋花》，原意表达作者对爱的艰辛和爱的无悔。若把"伊"字理解为词人所追求的理想亦无不可，王国维则别有用心，以此来比喻学问绝不是轻而易举就能得到的，必须坚定不移，经过一番辛勤劳动，废寝忘食，孜孜以求，直至人瘦带宽也不后悔。

第三境界："众里寻他千百度，蓦然回首，那人却在，灯火阑珊处。"这句词出自南宋词人辛弃疾的《青玉案》。王国维认为，此即为人生最终、最高境界。想达到这一境界，必须有专注的精神，反复追寻、研究，下足功夫，自然会豁然贯通，有所发现。

这是做学问的境界，也是追求财富人生的哲学。王国维的境界有三重，但其核心就两个字——执着。不执着，立志也没用；不执着，就不能在蓦然回首时猛然顿悟。但执着，在一定程度上就意味着"孤独寂寞冷"。很多成功人士都曾经历过这一阶段。

著名作家卢跃刚在《东方马车》一书中这样描述俞敏洪创业时的情景：他在中关村第二小学租了间面积十平方米、透风漏雨的平房当教室，外面支一个桌子，放一把椅子，"东方大学英语培训班"正式成立。第一天，来了两个学生，看"东方大学英语培训班"那么大的牌子，只有俞敏洪夫妻俩，破桌子、破椅子、破平房，登记册干干净净，人影都没有，学生满脸狐疑。俞敏洪见状，赶紧推销自己，像是江湖

术士，凭着三寸不烂之舌，活说死说，让两个学生留下钱。夫妻俩正高兴着呢，两个学生又回来了。他们心里不踏实，把钱又要回了……

联想公司刚成立时，连一辆平板车都买不起，也装不起电话，客户来了就一杯水，香烟也招待不起。为了尽可能地多搞些资金，在柳传志的带领下，那些拥有当时中国最尖端计算机知识的高级知识分子们，一个个骑着自行车，带着一些小商品到处摆地摊，靠做一些杂七杂八的买卖，大伙儿硬是坚持到了汉字输入系统开发完毕。

马云的创业是从海博翻译社开始的。他至今还记得，开张第一个月，翻译社进账700元，但房租就高达2000元。很多人无心恋战，打起了退堂鼓，马云却背着大麻袋悄悄去了义乌，等他回来，海博翻译社变成了杂货铺：小礼品、生活用品、书籍、衣服、鲜花，应有尽有。靠着这种东方不亮西方亮的经营智慧，翻译社渐渐有了起色，第二年便实现了收支平衡。1995年，马云触了网，开始筹建"中国黄页"。但在当时知道互联网的中国人有几个？提起当年，马云总是感慨："那时候真可以说是惨不忍睹啊，我们当时跟所有人都说，有这么一个东西（互联网），然后如何如何做，但是跟谁说，谁都会用一种不可思议的眼神看着你。我们在全国27个城市中一个一个地开拓业务，在所有没有互联网的城市，我们都被视为骗子……"后来，马云在《赢在中国》里面说："我永远相信只要永不放弃，我们还是有机会的。最后，我们还是坚信一点，这世界上只要有梦想，只要不断努力，只要不断学习，不管你长得如何，不管是这样，还是那样——男人的长相往往和他的才华成反比。今天很残酷，明天更残酷，后天很美好，但绝大部分人死在明天晚上，看不到后天的太阳。创业这么多年，我遇到了太多的倒霉事，但只要有一点好事，我就会让自己非常开心，左手温暖右手。"

58. 人脉是一种能量，要学会交际

很多人都梦想着成功，但大多数人都在追求成功的道路上走向失败，这些人不乏众人眼中的优秀者，他们之所以被淘汰，除了机遇问题，最重要的还是因为缺乏社交能力。

所谓人际关系，是指人们在各种具体的社会领域中，通过人与人之间的交往建立起心理上的联系，它反映在群体活动中，人们相互之间的情感距离和相亲密的人际关系都属于良好的人际关系，对于一个人的工作、生活和学习是有益的；相反，不和谐、紧张、消极、敌对的人际关系则是不良的人际，对一个的工作、生活和学习是有害的。

社会心理学的调查研究了表明，良好的人际关系是一个人心理正常发展，个性保持健康和生活具有幸福感的重要条件之一。古语云："天时不如地利，地利不如人和。"无论在什么情况下都应重视"人和"这个重要因素。美国著名成人教育家戴尔·卡耐基经过大量的研究发现说："一个人事业上的成功，只有百分之十一是由于他的专业知识，百分之八十要靠人际关系、处世技巧。"此话也许说得绝对些，但也从另一侧面说明良好人际关系对成就事业的重要性。

在东方哲学里，关系就是生产力。在西方，关系是最稀缺的商业资源。处理好人脉关系的重要性已得到公认，百万富翁可能没有很高的学

历,但是他们都有超常的社交能力,正是他的社交,他的人脉才促成他的百万富翁。

让我们目睹一下四大脉客传奇的故事:

传奇一:乔治·波特——希尔顿饭店首任总经理。

一个风雨交加的夜晚,一对老夫妇走进一间旅馆的大厅,想要住宿一晚。

无奈饭店的夜班服务生乔治·波特告诉他们房间已经被订满了。但这个服务生建议他们住在他的房间,因为他必需值班,可以待在办公室休息。第二天他们要前去结账时,服务生告诉他们不是饭店的客房,不收钱。几年后,他收到一位先生寄来的挂号信,信中说了那个风雨夜晚所发生的事,另外还附一张邀请函和一张纽约的来回机票,邀请他到纽约一游。服务生在一栋华丽的新大楼前遇到了这位当年的旅客,老先生说:"这是我为你盖的旅馆,希望你来为我经营,记得吗?"

这位服务生惊奇莫名,说话突然变得结结巴巴:"你是不是有什么条件?你为什么选择我呢?你到底是谁?"

"我叫做威廉·阿斯特,我没有任何条件,你正是我梦寐以求的员工。"

这家旅馆就是纽约最知名的Waldorf华尔道夫饭店,这家饭店在1931年启用,是纽约极致尊荣的地位象征,也是各国的高层政要造访纽约下榻的首选。后来,乔治·波特创建了著名的希尔顿饭店。

解读:是什么样的态度让这位服务生改变了他的命运?毋庸置疑的是他遇到了"贵人",可是如果当天晚上是另外一位服务生当班,会有一样的结果吗?

传奇二:乔·吉拉德——世界第一推销员。

曾经有位培训师讲过这样一个故事:他曾有幸参加乔·吉拉德关于人脉的演讲。演讲前,他不断地收到乔·吉拉德助理发过来的名片,在场的

58. 人脉是一种能量，要学会交际

两三千人几乎都是如此，都有好几张，没想到，等演讲开始后，乔·吉拉德的动作却是把他的西装打开来，至少撒出了三千张名片。在现场一撒出这个名片，全场更是疯狂。他说，各位，这就是我成为世界第一推销员的秘诀，演讲结束！

传奇三：胡雪岩——清代红顶商人。

高阳描述"红顶商人"胡雪岩时，就曾经这样写："其实胡雪岩的手腕也很简单，胡雪岩会说话，更会听话，不管那人是如何言语无味，他能一本正经，两眼注视，仿佛听得极感兴趣似的。同时，他也真的是在听，紧要关头补充一两语，引伸一两义，使得滔滔不绝者，有莫逆于心之快，自然觉得投机而成至交。"

传奇四：卡内基——美国"钢铁大王"。

美国钢铁大王卡内基，在1921年付出一百万美元的超高年薪聘请一位执行长——夏布。许多记者访问卡内基时问："为什么是他？"卡内基说："因为他最会赞美别人，这也是他最值钱的本事。"甚至，卡内基为自己写的墓志铭是这样的："长眠于此地的人懂得在他的事业过程中起用比他自己更优秀的人。"

由此可见，一个人事业的成功，交际本领比专业本领更重要。因为专业本领只能利用自身能量，而交际本领是利用外界的无限能量。

人是群居动物，人的成功只能来自于他所处的人群及所在的社会，只有在这个社会中游刃有余、八面玲珑，才可为事业的成功开拓宽广的道路。人脉资源也是一种潜在的无形资产，是一种潜在的财富。表面上看来，它不是直接的财富，可没有它，就很难收敛财富。不是吗？即使你拥有很扎实的专业知识，而且是个彬彬有礼的君子，还具有雄辩的口才，却不一定能够成功地促成一次商谈，但如果有一位关键人物协助你，为你开开金口，相信你的出击一定会完美无缺，百发百中！人脉资源越丰富，赚钱的门路也就越多；你的人脉档次越高，你就成

功得越快。这已经是有目共睹的事实！当你想要开创自己的事业时，必须具备人脉条件。如果你有足够丰富的人脉资源，那么资金和技术问题就能迎刃而解。所以"人"才是担负起你事业成功的关键。

要知道，人脉为我们提供了这样的可能：既让你结识他人，也让他人认识你，当彼此间的品行、才干、信息得以了解的时候，就可能结出两个甜美的果实——密切彼此的友谊和获得发展的机遇。

事实证明，走上社会就要学会交际，不会交际你就会失去成功的机会。中国有句江湖话：在家靠父母，出门靠朋友。所以，学会交友是你人生中的一件大事，无论我们走到哪里，"人熟好办事"的潜规则都是适用的。要想获得事业上的成功，必须建立自己的关系网。如果你的关系上有达官贵人，下有平民百姓，而且有人在你春风得意时为你鼓掌喝彩，在你有事需要帮忙时伸手帮助。这时候，你就会深刻体会到人脉的力量！

59. 做人要自强自立

《易经》中有句话:"天行健,君子以自强不息。"对于一个人来说,要想成就一番事业就要自强自立。也许你的长辈有势力,也许你的家庭很有钱,也许你的亲友是靠山,但这些都是外界的力量,比起做到自强自立的内力显得微不足道。

我们经常说"富二代",但也说"富不过三代"。为何有这种状况出现呢?那就是因为在优越环境中长大的人,因为没有吃过苦,不知道生活的艰辛,更缺乏自强自立的意识与精神。在这种情况下,就像是从小被人绑在了两根拐杖上,没有学过独立的行走,而一旦将他的拐杖拿去,他就自然会摔倒在地。

有这样一个故事:

一个百万富商老来得子,因此对儿子非常溺爱,从不让他受一点委屈,无论他想要什么都满足他。但没想到的是,却因此让独生儿子走上了邪路,孩子变得好吃懒做、不懂得自立,还总是同不三不四的坏朋友来往。

看到这一切,富商开始懊悔了,于是他试着劝导孩子,但却没有取得任何效果,他意图切断孩子的"财源",逼迫孩子自强,但试了几次也以失败而告终。最后,实在没有办法的富商在阁楼上藏了十万枚金币,在临

终前,他叫来儿子说:"如果你有一天遭逢不幸打算自杀,那就用一根绳子系在阁楼的这个环上上吊,这样比较容易死去。"这些话让儿子感到莫名其妙,在儿子狐疑的眼神中,老富商去世了。

老富商去世后,没有人管束了的儿子变得更加荒唐了,他任意挥霍父亲的财产,很快就和不务正业的狐朋狗友花光了金钱、卖光了家产,一无所有了。那些酒肉朋友也离他而去。于是,伤心的年轻人对自己以前的所作所为悔恨万分,想起了父亲的忠告。

当他按照父亲的遗嘱准备结束生命的时候,发现了父亲藏匿起来的金币,这也是父亲留给他的寓意深刻的最后礼物。此时,他顿悟了,他没有拿出金币来改善生活,而是悄悄把金币放回了原处。从此以后,那个好吃懒做的儿子不见了,代之以一个靠自己的双手生活的人。他懂得了父亲的意思是要他自强,因此他选择了白手起家。他从此远离了那些没有信义的朋友,抛弃一切愚蠢的行为,两年过去了,他成为当地著名的巨商。

古今中外,凡能成就一番大业,对社会有着突出贡献的人,无一不是自立自强的人。因为一个人一旦走上了自强的道路,他的力量将是不可估量的,而一个人一旦自立了起来,那么无论有多么大的困难,他就总能克服。一个不懂得自强的人,也是必定会一事无成的,所以一个人无论家境如何、自身条件怎样,想要成就一番伟业,归根结蒂是要自强要自立。

大卫·洛克菲勒是洛克菲勒家族的第三代,是兄弟中最小的一个,也是最出色能干的一个。他的事业不在石油上,而在大名鼎鼎、位列世界十大银行第六位的曼哈顿银行上。他任该银行执行委员会主席兼总经理以后,使该银行从资金二十亿美元上升到资产净值达三十四亿美元。

1915年,大卫出生于纽约市,当时他家虽已有亿万财产,可孩子们每周只能得到三角的零用钱,同时每人还必须准备一个小账本,按父亲的要求将三角钱的使用去向登记在上面,经检查后,如果使用合理,还能得到奖励。孩子们得到的零用钱随着年龄的增长而增长:十一二岁时,每周能

59. 做人要自强自立

得到一美元,十五岁时,每周能得到两美元左右。因此大卫长大后离开家时,已拥有许多账本。

大卫的父亲为了教育孩子从小懂得金钱的价值,故意将孩子们处于经济压力之下。零用钱很有限,如果想多用怎么办?方法只有一个,自己去挣。

大卫小的时候就知道从家庭杂物中挣钱:捉住阁楼上的老鼠,每只可挣五分钱,而劈柴禾、拔杂草等杂活则按照时间来计算工钱。大卫有一招更绝,他设法取得了为全家擦皮鞋的特许权。然而,他必须在清晨六点以前起床,以便在全家人起床前完成工作,擦一双皮鞋五分钱,一双长统靴一角钱。

大卫在童年时代没有享受过任何超级富豪的生活,他穿着和雇工一样的普通衣服,生活既简单朴素又紧张而快乐。

自强自立是我们年轻人成长的最重要的一个因素,也是我们人生不败的最重要的一个条件,也是成功做事的一个基本出发点。大卫学会了自强自立,并一生坚持,积极进取,终于打出了自己的一片天地。自责之外无胜人之术,自强之外无上人之术。所以,一定要摆脱依赖的思想观念,不要因为有人扶持,有人帮助,就不去努力。

60. 要懂得养生

养生,即是保养生命之意。早在两千多年前,祖国医学中就已具体地论述了养生保健的问题,积累了系统的理论和丰富的经验,古时称为养生,又称为摄生、道生,与现在所说的"卫生"是同义词。中医养生之道,古今中外,享有盛名,这也是古今中外人类共同的美好愿望。

"养生"一词,在《黄帝内经》里。《黄帝内经》是中医的基础,也是养生的基础。《黄帝内经》分两篇,其中在《灵枢·本神》这一篇里面讲到:"智者之养生也,必顺四时而适寒暑,和喜怒而安居处,节阴阳而调刚柔,如是,则避邪不至,长生久视。"就是说聪明的人、有智慧的人养生,必须和一年四季相符合。"和喜怒而安居处"就是有智慧的人,他要养生,要符合四季。在这四季当中他的喜怒要掌握好,随遇而安,保持一个平和的心态。"节阴阳而调刚柔"阴阳在时时处处,无时不在,无时不有。随时地能够把握好阴阳,把握好刚柔,这样,才能使自己处于一个平衡的状态。如果这三点都做到了,就能够符合一年四季的变化。保持一个良好的心态,能够调节阴阳的变化,如果做到这三点,那就是养生。

智慧的人才会想养生,不智慧的人是不懂养生的。《黄帝内经》有这样一段话,说:"聪明的人,他懂得养生,所以他不会得病,所以他耳聪目明,精力充沛。愚蠢的人,不懂得养生,等有了病的时候才知道自己的身体不行了。"所以我们只有明白养生一词的真正含义，就会对树立起唯物辩证的养生观。

古代把人的精神和人的肉体看做一个整体，认为人是精、气、神三者的统一体。一个人的生命力的旺盛，免疫功能的增强，主要靠人体的精神平衡、内分泌平衡、营养平衡、阴阳平衡、气血平衡等来保证。养生应该从胚胎——零岁开始，直至寿终正寝为止。儿胎时，日月未满，阴阳未备，脏腑骨节未"全"，禀质未定，倘若孕妇衣食住行合乎卫生，饮食有节，起居有常，均适寒温，不妄作劳，动静合宜，调养有方，保证身心健康，胎儿就能"逐物变化"，对胎儿的生长、发育、胎养、胎教就有着积极的作用。出生之后，婴幼儿的养生全靠父母调养，若调养有方，婴幼儿身心发育自能康泰。少壮时代，注重养生，常保终生健康，不服药物，可免药物之害。人到中年多事之秋，养生更应注意，这样可延长中年期，推迟衰老的到来。人到老年，保养为重要。老年人生理功能日趋老化，故应性情开朗，虚怀若谷，坚持运动，生活自理，老有所为，养成良好的生活习惯，使内外百病，皆悉不生，终生保养，享尽天年。

科学的养生观认为，一个人要想达到健康长寿的目的，必须进行全面的养生保健。并注意下列几点：第一，道德与涵养是养生的根本；第二，良好的精神状态是养生的关键；第三，思想意识对人体生命起主导作用；第四，科学的饮食及节欲是养生的保证；第五，运动是养生保健的有力措施。只有全面科学地对身心进行自我保健，才能达到防病、祛病、健康长寿的目的。

《黄帝内经》是中华民族养生文化的基础。《黄帝内经》告诫人类：保证健康长寿的根本，是预防疾病的发生。认为：聪明的人，在没有病的时候就知道养生；愚蠢的人，得病以后才知道治疗。

健康对我们是最宝贵的，健康不能光靠科技，不能光靠药物，而靠得只能是自己。病人的本能就是病人的医生，医生只是帮助本能的。要知

道，许多人不是死于疾病，而是死于无知。

　　养生的重要指导思想，就是防患于未然。"防患于未然"是中国文化的一个重要思想。没有一个长寿者是懒汉。我们现在得的这病那病，内因在慢性病中所占的作用不是主要的，只占20％，而80％是外因造成的。因此，可以通过养生调控，用科学的生活方式来减少疾病，健康的钥匙就掌控在我们自己手中。

61. 游走社会，人情世故要处理好

"人情世故"总是夹杂着真诚与虚伪的成分，虽然是一种形式，但却是维系人与人之间关系不可或缺的。因此，除非离群索居，遗世独立，否则任何人都无法摆脱"人情世故"的纠缠。也许你不喜欢这种形式上的东西，但既然身处社会，此事就万万不能疏忽。

人情世故虽然不一定会为你立即带来多少好处，但多施恩泽，助人为乐，或无意随手帮的忙，都有可能在今后的日子里得到回报。人情对于中国人是非常重要的，而人情的把握有时甚至能够改变历史的走向。

楚汉相争之际，西楚霸王项羽打算设鸿门宴加害刘邦，并命令军队准备进攻。正在此危急时刻，恰恰是项羽的叔父项伯星夜飞驰前往刘邦的大营通风报信，这简直是通敌背叛的行为！

而项伯这么做的原因没有其他的，就是为了前去搭救张良，因为张良曾经救过项伯的性命。项伯冒着这么大的风险，还就是人情在其中起作用。

正因为如此，刘邦才完全了解了项羽"鸿门宴"的意图，巧妙地逃脱了出去。从而改变了今后整个历史的方向。

所以我们要多聚人情，好像银行存款一样，你存得越多，可领出来的钱就越多，存得越少，可领出来的就越少。福泽深厚的人总是有贵人相

救,并不总是运气好。你越是乐于助人,解围于危难,在危急的时候越有人来帮助你渡过难关。

一个人不可能单凭自己的力量去闯荡世界,即使那些功成名就的人,也需要借助他人的支持和力量。谈及他们的成功经验,都会对自己讲求信誉和以诚经营而自豪不已。讲信誉、讲诚信,送给别人一个人情,表现自己的诚意,就会收到意想不到的回报。

究竟怎样去结得人情,并无一定之规。

对于一个身陷困境的穷人,一枚铜板的帮助,可能会使他握着这枚铜板忍一下极度的饥饿和困苦,或许还能干番事业,闯出自己富有的天下。

对于一个执迷不悟的浪子,一次促膝交心的帮助,可能会使他建立做人的尊严和自信,或许在悬崖前勒马之后奔驰于希望的原野,成为一名勇士。

就是在平和的日子里,对一个正直的举动送去一缕可信的眼神,这一眼神无形中可能就是正义强大的动力。对一种新颖的见解报以一阵赞同的掌声,这一掌声无意中可能就是对革新思想的巨大支持。

对一个陌生人很随意的一次帮助,可能也会使他突然悟到善良的难得和真情的可贵。说不定他看到有人遇到难处时,会很快从自己曾经被人帮助的回忆中汲取勇气和仁慈。其实,人在旅途,既需要别人的帮助,又需要帮助别人。

62. 读懂爱情、婚姻与生活的关系

"婚姻是爱情的坟墓。"这是大家常听到的一句话。似乎一旦走进婚姻爱情就会被埋葬掉，要爱情，就别谈婚姻；有婚姻，就别奢望爱情。

俗话说："婚姻是爱情的延续，爱情是婚姻的基础。"在所有情感中，爱情算得上是最善变的一种情感，要将爱情持久发展下去，最好的途径是通过婚姻，要将婚姻生活过得充实完美，最好的手段就是为爱情保鲜。然而，人的感情是复杂的，许多人由于没有处理好爱情、婚姻、生活三者之间的关系，让自己身陷囹圄而不能自拔。真正处理好三者之间关系又需要对三者有进一步的了解。下面三个小故事就生动地阐释三者之间的关系。

故事一：

柏拉图有一天问老师苏格拉底："什么是爱情？"

苏格拉底叫他到麦田走一次，

要不回头地走，

在途中要摘一个最大最好的麦穗。

但只可以摘一次，

柏拉图觉得很容易，

充满信心地出发了，

谁知过了半天他仍没有回去。

最后,他垂头丧气地出现在老师跟前诉说空手而回的原因:"很难得看见一株看似不错的,却不知是不是最好,不得已,因为只可以摘一次,只好放弃,再看看有没有更好的,到发现已经走到尽头时,才发觉手上一个麦穗也没有了。"

这时,苏格拉底告诉他:"那就是爱情。"

故事二:

柏拉图有一天又问老师苏格拉底什么是婚姻?

苏格拉底叫他到杉树林走一次,

要不回头地走,

在途中要取一棵最好、最适合用来当圣诞树的杉树。

但只可以取一次,

柏拉图有了上回的教训,

充满信心地出去。

半天之后,他一身疲惫地拖了一棵看起来直挺、翠绿,却有点稀疏的杉树。

苏格拉底问他:"这就是最好的树材吗?"

柏拉图回答老师:"因为只可以取一棵,好不容易看见一棵看似不错的又发现时间、体力已经快不够用了,也不管是不是最好的,所以就拿回来了。"

这时,苏格拉底告诉他:"那就是婚姻。"

故事三:

又有一天柏拉图又问老师苏格拉底什么是生活?

苏格拉底还是叫他到树林走一次,可以来回走,

在途中要取一朵最好看的花。

柏拉图有了以前的教训,

又充满信心地出去,

62. 读懂爱情、婚姻与生活的关系

过了三天三夜,他也没有回来。

苏格拉底只好走进树林里去找他,最后发现柏拉图已在树林里安营扎寨。

苏格拉底问他:"你找着最好看的花么?"

柏拉图指着边上的一朵花说:"这就是最好看的花。"

苏格拉底问:"为什么不把它带出去呢?"

柏拉图回答老师:"我如果把它摘下来,它马上就枯萎。即使我不摘它,它也迟早会枯。所以我就在它还盛开的时候,住在它边上。等它凋谢的时候,再找下一朵。这已经是我找着的第二朵最好看的花。"

这时,苏格拉底告诉他:"你已经懂得生活的真谛了。"

懂得婚姻、爱情和生活的真正含义,才能在现实生活当中正确处理好它们之间的关系。

爱情是个幸福的字眼。在人类的幸福感比重当中,爱情和婚姻中占据了很大一部分。千百年来,人们以各种形式表达对二者的向往,认为得到了他们也就等于拥有了幸福,很多人为此不计后果去付诸各种行动。

与此同时,在现实生活中,有一些年轻人却陷入到爱情和婚姻带来的困惑当中,到底是为了结婚而恋爱,还是有了爱情才结婚呢?

说来也是,回答这个问题的确有难度。爱情和人类历史一样是一个古老的话题。在中国古老的著作《诗经》中,第一篇写的就是关于男女恋爱的场面。《关雎》中写到:"关关雎鸠,在河之洲。窈窕淑女,君子好逑。"虽然有诗为证,但现实还归现实,直到今天我们也不得不承认爱和被爱都是一种感觉。这种感觉与人类的其他感觉一样,有开始也会有结束。

无论怎样刻骨铭心的爱情都会随时间的流逝和人事的变迁而烟消云散,能和自己相伴并共度一生的人,还是那位长相厮守的结发妻子。虽然这种生活既没有花前月下的浪漫,也没有甜言蜜语的恭维,但却成为了岁月里沉淀下来的一杯浓酒,甘醇而芳香。然而,不管你信不信,维系这一

切的并不是因为爱情，更多的体现为一种亲情。这话听起来不大好听，但确实是现实生活当中的真实状态。

爱情是浪漫的，现实是沉重的。现实是有条件的，爱情是无条件的。家庭是一个经济实体，不能为爱情搭建的经济基础是站不住脚的。恋人眼中看到的只有对方，除此之外再也没有其他多余的东西。在生活上，无论对方发生多么大的改变，他们都愿意相依相伴，共同承担。但在爱情上，哪怕是对方的一个小小的疏忽，就会造成自己的伤心难过，会觉得对方的离去是天塌地陷的世界末日。他们需要的不是长久的在一起生活，携手与共，而是在只能容下两个人的爱情世界里享受浪漫。这样纯粹为爱而在一起的两个人，很容易被爱情的火焰燃烧得没有自我，迷失方向，深陷沉沦，于是很容易被爱情本身的翻天巨浪毁击得粉碎。

两个为生活需要而结婚生活在一起的人，他们可以跟对方没有爱情，但必须是相濡以沫才能得到幸福的生活，而不是幸福的爱情。因为他们的需求不再是爱情。所以，双方都体现出一定的包容与克制，能与对方共同面对生活。他们的内心很少受来自爱情的煎熬与伤害，于是能彼此平稳地过渡到一种生活的需要和习惯上来。直到从此相互依赖，不愿与彼此分开。

所以人们常说，爱情不一定等于婚姻，婚姻也不一定是爱情。无论是哪一种，只要彼此配合得好，都能走入幸福的人生。在现实生活中，每个人一定要清楚自己想要的是什么，是爱情，还是在一起生活？选择好了爱情，就不要苛求能融入漫长的生活中来。选择了一起生活，就不要再过多地计较爱情中的得与失。

"百年修得同船渡，千年修得共枕眠。"世界之大，男男女女不计其数，可每个人这一生却只能选一个他（她），足见两人能走到一起是多么的不易，也许有些婚姻中不幸的人会这么慨叹"世事真是难料，我爱的人与我无缘，爱我的人我又不爱，与我结婚的偏偏既不是爱我

62. 读懂爱情、婚姻与生活的关系

的也不是我爱的。"其实,世间像"梁祝"那样的爱情能有多少呢?大多数夫妻还都是过很平淡的日子,既然走到了一起,那就牵着对方的手,快快乐乐的相伴一生吧!生活像一团麻,总会遇上些解不开的"小疙瘩"。两口子整天在一个锅里搅稀粥,总有"碰撞"之时,即使产生摩擦是很自然的。所以,就需要你懂得宽容的智慧去处理摩擦。

三者关系中,最重要的要数婚姻与爱情的关系。其实,婚姻和爱情同等重要,就看双方怎样经营自己的婚姻了。所以说,选择什么样的婚姻是幸福的,还要从选择什么样的爱情开始。你是什么样的人,就会选择什么样的爱情。

最好的婚姻就是融合,认同彼此的家庭,爱彼此的亲人,接纳彼此的朋友。同时,双方还要学会和婚姻一起成长,也就是说在婚姻里,双方要保留一些情人一样的浪漫。不能因为忙碌和压力而丢失两个人的私人时间。

在生活上,只有双方都理性、有责任感,家庭才会运转得很流畅;作为一对聪明的夫妻,要让家里有浪漫、有天真、有快乐、有梦想,这才是一个平衡的组合。倘若有了上面的这些心理准备,婚姻和爱情不仅可以兼得,还可以变为成就幸福生活的源泉。

63. 摆正金钱、生活与幸福的关系

金钱是物质的保障，而物质则是幸福的基础。身在人世间，我们为了生活，为了生存，必须追求这生不带来，死不带走的钱。但是金钱不是幸福的终点，人间所有的目标最终都要归结为一个终极目标，那就是幸福。所以，我们必须摆正金钱、生活与幸福的关系，保持三者之间的平衡。

曾经看到过一个寓言，名为《牧民思羊》，说的是从前有个牧民，他经过多年努力，拥有了99只羊，这在当时已经是非常大的一笔财富了。但他并不满足，从拥有99只羊的那一天，他就眼巴巴地盼望着能再添上一只羊，好凑够100只。那样，他感觉自己会更幸福些。

怎么才能凑够100只呢？这天深夜，他辗转反侧，忽然想到村后山上寺院里的养着一只羊，寺院里的禅师据说已经得道，我不如求他把那只羊施舍给我。于是他连夜动身，前去恳求禅师慈悲为怀，把那只羊送给自己。禅师正在打坐，听闻来意，淡淡地说："牵走吧！"

过了一年，牧民再次光临寺院。禅师见他愁眉苦脸，便问他为何如此心焦？牧民苦笑一声，说："实不相瞒，您送我的那只母羊前两天下了5只小羊……"

禅师说："既如此，你应该高兴才是啊！"

牧民摇摇头说："的确，我已经拥有105只羊了，可我什么时候才能拥

63. 摆正金钱、生活与幸福的关系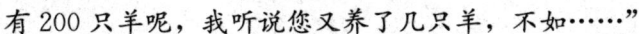

有 200 只羊呢，我听说您又养了几只羊，不如……"

禅师站起身来，给牧民端来一杯水，递到他手中，说："先喝点水再说。"

牧民喝了一口，便大叫起来："这，这什么水啊？怎么这么咸？"

禅师开释他说："你给自己喝的一直都是咸水啊！"

平心而论，牧民没法儿不思羊，家里的衣食住行和小牧民的学费，都出在羊身上。物价越来越高，家里羊太少的话，肯定睡不踏实。但这绝不代表他就有理。禅师也不容易，你自己喝咸水也就罢了，为什么要让大家陪着你一起喝呢？俗话说，越渴越吃盐，人必须得正视自己的现状。欲而有节，犹如清茶一杯，其味虽淡，却能滋润生命。而贪念则是一杯咸水，其味虽浓，却只会越喝越渴，即便给你一个太平洋，也无法消解那心头之渴。

叔本华也说过："金钱就像海水，喝得越多，你就越渴。"金钱只有在你觉得知足的时候，才会带给你快乐和幸福，否则它除了给你烦恼和痛苦之外，毫无任何积极意义。

弱水三千，一杯足矣。不足者，必身陷弱水，误了卿卿性命不说，也往往毁掉旁人的幸福。

莫作人间第二杯——这是先贤对贪官们的告诫之语。它源自于一个典故：

明代时，有个姓杨的太守很清廉，但他的下属刘知县却很贪婪。有年冬天，杨太守微服私访，走到一百姓家中，这家的老太太招呼她的女儿给客人倒酒，说："天气寒冷，喝杯酒暖暖吧。"酒瓶里的酒不多了，女儿先倒出了一杯清酒，说："这一杯是杨太爷！"接着再倒出一杯，有些浑浊，说："这个是刘太爷！"此事传开后，有人赋诗道："凭谁寄语临民者，莫作人间第二杯。"

一句话，金钱如水，是不可或缺的"生命之源"，但一杯足矣，不足者，必溺毙欲海。切记！

64. 要注重别人的面子

常言道:"人有脸,树有皮。"这句看似简单古老的言语,却蕴涵着人性的特点:爱面子。的确,每个人都爱自己的面子。因此,在你拼命维护自己的面子时,千万不要忽略了别人的面子。

面子对于中国人来说异乎寻常的重要。这是中国人的一个弱点,利益可以失去,但面子不能丢。作为一个中国人,你一定要了解"面子问题",否则处理失当,会对你的人际关系和事业造成很大的困扰。所以行走于社会,必须了解到这一点,这也就是很多老于世故的人不轻易在公开场合说一句批评别人的话的原因。高帽子要一顶顶地送,既保住别人的面子,别人也会如法炮制,给你面子,彼此心照不宣,尽兴而散。这种情形适用的范围很广,在官场尤其常见,因为在那里最出效果。

在知道人们是如何注重面子之后,还必须尽量避免在公众的场合内使你的对手难堪,必须时时刻刻提醒自己不要做出任何有损他人颜面的事。

年轻人常犯的毛病是,自以为有知识有见解,一旦看到别人犯了错误,马上就逮到机会大发宏论,把别人批评得脸一阵红一阵白的,他自己很是痛快,其实还不知道自己已经伤害了别人的自尊,有损别人的面子,总有一天会吃苦头的。

无论你采取什么方式指出别人的错误:一个蔑视的眼神,一种不满的

64. 要注重别人的面子

腔调，一个不耐烦的手势，都有可能带来难堪的后果。你以为他会同意你所指出的错误吗？绝对不会！因为你否定了他的智慧和判断力，打击了他的自尊心，同时还伤害了他的感情。如果是当着众人的面指出来的话，他当场就要进行反击，根本不会管你说的对错。说什么已经不重要了，重要的是你已经向他提出了挑战。由于你的"不给面子"，他的反击也会毫不留情。

事实上，给人面子并不难，有的时候其实只要说几句恰当的话就可以了，这种无关紧要的面子一定要抢着给；有的时候给面子则需要花费一点功夫，比如求人帮忙、替人办事，这种情况下要综合考虑，如果确实是人情往来，曾受人恩惠，或今后可能有求于人的，还是要考虑给。而至于其他的只能徒增麻烦，即使不帮忙，也要婉言拒绝，今后也好有回旋的余地。

在一次生产会议上，一位公司的产品质量总监，曾就某个材料的质量问题，当着会议上的众人厉声质问一位质检员。本来并不是非常严重的事情，但是他的语调以及态度带有很强的攻击性，言辞也极为苛刻。事实上这位总监的意思只是想提醒质检员在工作中要认真和严肃。

这名质检员为了使自己不致在同事、领导、下属面前失面子，竟然和这名总监吵了起来。两个人在会议上闹得很僵，最后两人互不往来。

给对方留面子是一门艺术，更是一门学问。很多人之所以会在他人面前丢面子，是因为他们没有给对方留面子。就像职场中的质检总监，他不仅在领导以及下属面前，颜面尽失，而且还失去了一名好员工。尽管他的初衷是好的，但是这种有损他人面子的行为，却给自己以及公司带来了无法预料的损失。

在现实生活当中，这种人与人之间相互留面子的现象也可以用心理学上的互惠原则来解释。也就是说，事关面子的问题也遵循着互惠的关系。从心理学上讲，如果你在某种场合给对方留足面子，对方的心理会产生一

种负债感，这种负债感会让其内心产生压力感，进而想方设法地通过同一方式或者其他方式还给对方，以放松内心的这种负债压力。心理学专家曾对此作了一个恰当的比喻。他们认为这就如同借钱一样，在对方急切需要钱的时候，你将钱借给了对方，虽然是对方主动向你借钱，并且你非常愿意地将钱借给了对方，但是对方的心理还是会产生负债感，并会想办法尽快将钱还给你，有时甚至还给你钱时还带个小礼物。

人人都爱面子，你给他面子就是给他一份厚礼。有朝一日你求他办事，他自然要"给回面子"，即使他感到为难或感到不是很愿意，也会尽最大努力帮助你。

关于面子，要牢牢记住两大原则就可以：

第一个大原则是消极的，也就是不要做出"不给面子"的事。例如：不要当面羞辱人，包括同事、上司、属下、朋友，更不要搞人身攻击；对某人有意见，应私下沟通，不要当别人面提出来，以免他下不了台；不要管别的部门闲事，勿因意气而羞辱他人的手下，这样容易造成部门对立；遇强即屈，真心赞美他人，遇弱要手下留情，不必赢得太多；不要抢别人的功劳，也不要抢别人的机会。总而言之，只要从对方的角度考虑，替对方着想，那么就不致做出不给面子的事了。

第二个大原则是积极的，也就是主动"做面子"给对方，例如：多替对方在同事、朋友及上司面前说好话，自然会有人感激你的，但不可露骨、刻意；对方有喜庆，主动以适当地方式参与庆贺；对方有难言之隐，不动声色，不为外人知地主动替他解决；适当地捧他，协助他建立在人群中的地位。总而言之，带着"我能替对方做什么，让他有面子"的想法来做就对了，人都是讲究"投桃报李"的，你给了别人面子，轮到你时，自然也会有人给你面子，为你效劳。这样，大家都会有面子的。

总之，在人际关系中，如果你想有效地影响他人，让别人帮你说好话、办事情，就要学会尊重对方。给面子无疑是尊重对方的重要表现。法

64. 要注重别人的面子

国著名作家安东安娜·德·圣苏荷伊曾在他的作品中写过:"我没有任何权利去做或说任何事来贬低一个人的自尊,重要的不是我觉得他怎么样,而是他觉得他自己该如何。伤害人的自尊是一种罪过,这也包括不给人留面子。"

生活中给对方留面子是一种互助的行为,如果你是一个对面子无所谓的人,那么在工作或者生活中,你往往是个得不到大家喜欢的人。当你招致多数人的反感时,你觉得自己还可以说服他人、影响他人,进而让他人接受你的意见或者观点吗?答案显然是否定的。所以,做一个成功的社交人士,最明智的选择是时时给别人留点面子,事事留点分寸。这样你在给他人留面子的同时,也为自己铺就了一条通向成功的阳光大道。

修己

65. 修炼一技之长，好生存

生活在这个世界上，我们首先要生存谋生。谋生就要有一技，想谋生得更好就要有一技之长。我们需要拥有"一技"，更要努力去追求"一技之长"。

李强老师是中国培训领域大名鼎鼎的人物，人称"中国启智教育第一人"，他讲课幽默风趣且不失哲理，引人深思。

记得有一次，李老师在讲课时与同学们互动说："请认为自己有一技之长的同学举起手来。"不少同学纷纷举起手。李老师走到一位女同学面前问她："你认为自己在哪方面有一技之长？"那位女同学说："我做了十多年美容事业，也算有所建树。"李老师问："你认为全国美容业你的业绩最突出吗？"女同学答："不是。"李老师又问："你认为全国美容师都需要向你学习吗？"女同学答："也不是。"李老师随即说："那你充其量有一技，而算不得一技之长。一个理发师理一个头收10元的叫'一技'，收1000元的叫'一技之长'，一个画家的作品卖200元的叫'一技'，卖200万元的叫'一技之长'。"

仔细想来，此言极是。在过去，只要有一门手艺，一门技能，哪怕是修盆箍碗、刮脸修脚等等，都可以称得上一技之长。所谓"荒年饿不死手艺人"，那些握有一技之长的人，往往比普通百姓过得滋润一些。但如今，

65. 修炼一技之长，好生存

掌握"一技"的比比皆是，拥有"一技之长"的却凤毛麟角。用李强老师的话说，"一技"只能让你养家，"一技之长"方可让你致富。我们需要拥有"一技"，更要努力追求"一技之长"。

修炼一技之长就必须专注，专注成就专业，专业成就专家。也就是说一个人一生要认真地做好一件事，肯定比三年做东、五年做西的人更容易成功。

有这样一个故事：

法国昆虫学家法布尔也曾遇到过类似的问题。有一次，一个青年对法布尔说："我很困惑，我不知疲倦地把全部精力都用在了我爱好的事业上，结果却收效甚微，您能告诉我这是怎么回事吗？"

法布尔赞许地说："看得出来，你是个献身科学的有志青年。"

青年回答道："是的，我喜欢科学！不过我也爱文学，音乐和美术我也很感兴趣……"

法布尔随手从衣袋里掏出一个放大镜说："把你的精力集中到一个焦点上试试，就像这块凸透镜一样！"

青年听了恍然大悟。

专注是成功的境界。爱默生曾经说过："让我步入失败深渊的人不是别人，是我自己。我一生中最大的敌人不是别人，是我自己。我是给自己制造不幸的建筑师，我一生希望自己成就的事业太多了，以至于一无所成。"毫无疑问，这是谦虚。但是，我们可以从中得出这样的启示，无论做任何事情，都必须专心致志，始终如一。

《荀子·劝学》中说："蚓无爪牙之利，筋骨之强，上食埃土，下饮黄泉，用心一也。蟹六跪而二螯，非蛇蟮之穴无可寄托者，用心躁也。"意思是说，蚯蚓既没有锐利的爪牙，也没有强壮的筋骨，但它上可以吃到尘土，下可以喝到泉水，原因就在于用心专一。螃蟹虽有八只脚，两只大爪子，但如果没有蛇、蟮的洞穴，它就无处存身，这是因为它用心浮躁。民

间有很多类似的俗语,比如:"十个指头按九个跳蚤,结果一个也按不住"、"天下的麻雀捉不尽,一手捉不了两只鳖",等等。无论是哲言警句,还是俗话俚语,都是在告诫世人,做事不专的人,永远都不可能有什么大作为。反之,如果一个人能够把毕生的精力集中于一件事情上,并坚持下去,即便资质平平,也能做出一番大的成就来。

多年以前,荷兰有一个青年农民,由于学历太低,他好不容易找到了一份替镇政府看门的差事。在这个岗位上,他一直干了六十多年,从没换过其他工作。

他并不聪明,当然也并非白痴。由于生性木讷、不善言辞,他的朋友很少。也许是日子太清闲了,抑或是他不甘自己的平庸,总之,他喜欢上了打磨镜片。他一有时间就捏着那些既费时又费力的镜片,磨啊磨啊,一磨就是六十多年。他磨得是那样的专注和执著。经他磨出的复合镜片的放大倍数,比专业技师的水平还要高。

终于有一天,他用自己精心磨出的镜片,发现了当时科学界尚不知晓的另一个广阔的领域——微生物世界。这令他名震全球,只有初中文化的他,竟史无前例地荣获了巴黎科学院院士的头衔,连当时的英国女王都亲自拜会他。

创造这个奇迹的农民,就是科学史上赫赫有名的荷兰科学家列文虎克。他的成功告诉我们,只要你选准目标,找对方向,并始终如一地走下去,谁都可以创造奇迹。

成功学中有个"10000个小时定律",大意是说,一个人想成为某一方面的人才或专家,至少要持续不断地投入10000个小时。按每天8小时计,至少需要不间断地修炼5至10年时间,绝无例外。想成为专家,先拿出一万个小时来再说。

有人会有这样的困惑,我练某些东西时间也不短了,别说一万小时,两万也有了,怎么还没成就?

65. 修炼一技之长，好生存

明人陈继儒在《小窗幽记》中说："是技皆可成名天下，惟无技之人最苦；片技即是自立天下，惟多技之人最劳。"意思是说，人生活在世界上，就得有生活的技能。只要会上一点儿技能，就不至于饿死。那些没有技能又老实本分的人，是最最痛苦的人。但是技艺太多也不好，首先，"能者多劳"；其次，人"能"是非多；最后，也是最重要的一点，这些人虽然技艺不少，但能拿得出手的一样没有。他们的技艺，别说算不上"一技之长"，往往连普通水准都达不到。这样的人，只能算"人力"，而不是"人才"，更不是"专家"，既然是人力，就只能做些力气活，自然"最劳"。

要想成为某个行业的佼佼者，既要有目标，还要专注于自己的目标。因为人的精力有限，试图鱼与熊掌兼得，到最后往往是鱼与熊掌皆不可得。下面这个故事就说明了这一点：

李清是个有理想、有抱负的年轻人。大学毕业以后，他先后在北京、上海、深圳等大城市打天下，寻找自己的创业途径。然而，十年时光一晃而过，除了几次失败的经历外，他一文不名，找不到一点值得称道的东西。

十年来，他先后做过国有大型企业的职工，做过记者，做过销售，开过小超市，经营过文化公司，甚至还搞过传销。但他总是这山望着那山高，不停地跳槽转行，很多原本很有希望的事业都在他手里一一断送。

三年前，李清看准了一块"好地儿"，开了一家小超市。按他的估计，此处人流穿梭，每天的售货量肯定少不了，好好干几年，必定是财源滚滚。但事情并非他想像的那样，由于超市不上规模，又没有什么名气，人们一时之间并不买账。因此他每天的营业额并不多，除去成本后，他一个月的收入还不如一个普通的工薪阶层。很快，他便开始后悔自己盲目地选择了经营超市。不久，一位做图书的朋友告诉他，文化市场非常火爆，一本畅销书动辄几十万、上百万的销量，书商们都是成百万的赚！李清想，

修己

我可是名牌大学中文系的才子啊，文笔和眼光绝对不比别人差，为什么不做这一行呢？弄不好还能名利双收！于是，他很快便以低价将超市盘给了自己的朋友，又投资文化产业，组建了一家小型文化公司。谁知他刚刚进入文化行业就迎来了前所未有的寒冬。苦心经营半年后，他的文化梦再次以草草收场而告终。而此时，他转让出去的超市却开始渐渐红了起来，每天的营业额都超出原先的10倍！

看到这些，李清只得再一次感叹自己时运不济……

三百六十行，行行出状元。任何行业只要坚持做好做精，都能够成就一番事业。难道不是吗？李白一生只写诗，徐霞客一生只行路，比尔·盖茨只搞软件，但他们的成就有目共睹，无可置疑。只不过进入任何一个行业都有适应期，任何成功都需要一个过程。"爱拼才会赢"，只有盯紧你的"土拨鼠"，远离诱惑，修炼恒心，这样我们前进的步伐才能更坚定，才能避免遍地开花无处结果的悲哀。

66. 成败面前要淡定

周树忠告诫大家,"人生其实无所谓成功还是失败,我们其实都在通往成功的路上。因为我们来到这世界就是一种成功。孩子们,乐观地设想,悲观地计划,愉快地执行,尽管纵身一跃,因为天空才是你的极限。"

季羡林先生曾经说道:"信缘分与不信缘分,对人的心情影响是不一样的。信者,胜可以做到不骄,败可以做到不馁;绝不至于胜则忘乎所以,败则怨天尤人。"因此,对于那些希望渺茫的事,我们尽量要用"尽人事,听天命"来告慰自己,也只有这样,在成功与失败之间,我们才能够始终保持一种平静、淡定的心态。

诸葛亮一生的志愿与刘备一致,那就是"兴复汉室",因而他在刘备的手下一展所长,一步步地向着这个终极目标迈进。他统帅三军,运筹帷幄,攻无不克,战无不胜,帮助刘备建立了蜀汉政权,完成了三分天下的局面。

这个时候,已经到了兴复汉室的关键时刻,因此,诸葛亮殚精竭虑,为的就是增强蜀国的力量,为讨伐曹魏作准备。然而,刘备轻易与孙权开战,最终失败,导致蜀汉元气大伤,诸葛亮不得不推迟攻伐之事。

但是岁月不饶人,年纪渐高的诸葛亮自知再不出兵,就永无希望"兴复汉室"了。因此,他虽知以当时蜀国的国力不足以战胜曹魏,但是还是

毅然出兵。有一次，诸葛亮用计火烧司马父子，眼看司马大军就要覆灭，一场大雨忽然冲刷下来，救活了司马父子。诸葛亮只能仰天长叹："谋事在人，成事在天！"

为了完成"兴复汉室"的志愿，诸葛亮六出祁连山，每一次都计划周详，可是最终都会出现一些意想不到的插曲，结果导致每一次都无功而返，最终死于军中。诸葛亮虽志愿未竟，但却流芳千古，只因他为了达成自己的志愿付出了最大的努力。

天道有常，不以尧兴，不因纣亡。有些人却总能得到上天的眷顾，而有些人却一生时运不济。作为后者，固然是比较悲哀的，但如果因此就陷入沉重的沮丧之中，从而浪费了人生，那才是最悲哀的。

当我们的奋斗不能换来想要的结果时，我们应该保持冷静，以包容之心看待这一切。事情能否成功，努不努力不是唯一的条件，因此我们只要把事做好就可以了。至于是胜还是败，是成还是不成，那就不要太在意了，淡定一点，超然一点，才是真正睿智的生活之道。

所谓的"我命由我不由天"，指的只是一种应有的生活态度，但老天何曾顾及过人类的态度呢？谁喜欢地震？但它说来就来了；谁喜欢车祸，但它一而再再而三的来；谁喜欢绝症？但它来了说什么也不走……在老天面前，人类往往只有被动接受的份儿，其反抗的力量和效果也往往微乎其微。

欲望不是个好东西，但也不是绝对的坏东西。没有点儿欲望的人，基本上等同于不求上进的人。圣人孔子、孟子、墨子等等，都有欲望，当然人们宁愿把它叫作理想。

但圣人也得听老天的。孔子一生颠沛流离，始终不渝地追求自己的理想，但孔子这么积极的人也说："五十而知天命。"看来，"顺天命"乃正常现象，没什么消极不消极的。

国学大师季羡林也曾在文中写道：

66. 成败面前要淡定

"缘分和命运可信不可信呢？我认为，不能全信，又不可不信。我绝不是为算卦相面的'张铁嘴'、'王半仙'之流的骗子来张目。算八字算命那一套骗人的鬼话，只要一个异常简单的事实就能揭穿。试问普天之下——'番邦'暂且不算，因为老外那里没有这套玩意儿——同年、同月、同日、同时生的孩子有几万，几十万，他们一生的经历难道都能够绝对一样吗？绝对地不一样，倒近于事实。"

"可你为什么又说，缘分和命运不可不信呢？我也举一个异常简单的事实。只要你把你最亲密的人，你的老伴——或者'小伴'，这是我创造的一个名词儿，年轻的夫妻之谓也——同你自己相遇，一直到'有情人终成了眷属'的经过回想一下，便立即会同意我的意见。你们可能是一个生在天南，一个生在海北，中间经过了不知道多少偶然的机遇，有的机遇简直稍纵即逝，可终究没有错过，你们到底走到一起来了。即使是青梅竹马的关系，也同样有个'机遇'问题。这种"机遇"是报纸上的词儿，哲学上的术语是'偶然性'，老百姓嘴里就叫做'缘分'或'命运'。这种情况，谁能否认，又谁能解释呢？没有办法，只好称之为缘分或命运。"

中国古话说："尽人事而听天命。"首先必须"尽人事"，否则馅饼决不会自己从天上落到你嘴里来。但又必须"听天命"。人世间，波诡云谲，因果错综。只有能做到"尽人事而听天命"，一个人才能淡定地面对结果，永远保持心情的平衡。

人生的残酷性就在于它不以谁努力而定输赢，而欲望的残酷则在于它总是不遗余力地推着人们前行，一旦人们因为种种原因不得不停下脚步或者稍有退步，欲望便会幸灾乐祸地嘲弄我们，甚至落井下石，让我们深深陷入比失败本身更痛苦的失落。

人们常说，希望越大，失望越大。但其实却是，欲望越大，失望越大。别让欲望在希望的田野上纵横驰奔，它会毁灭你每一株幸福的幼苗。欲望没那么大，失望也就没那么大。

修己

　　古人有诗曰:"身似青山气似云,也曾富贵也曾贫。时运未至君莫笑,太公也做钓鱼人。"有些人对此不屑一顾,有什么时运,努力就是了,但光有努力远远不够,你还得会做人,至少得有一颗能承受的心。君不见,有些人天资聪颖、勤学苦修,却始终被排斥在"圈子"之外,穷困潦倒,"混"得还不如普通人;有些人平庸无才,只因投胎投得好,便轻易攫取财富、权利和荣誉。《汉书》上也说:"天行有常,不以尧兴,不以桀亡。"同样,上天也绝不会因为某一个人努力就一定让他成功,当然它更不会因为一个人有想得到某物的欲望而让他得到。

　　从一定程度上说,努力只意味着成功的几率比那些不努力的人稍大。但从另一个角度来说,努力本身就是成功。至于有人为不能得到而痛苦,主要还在于他不能控制自己的欲望。或者说,他的出发点和所有动机都是为满足欲望,而不是追求自我完善。

　　人生如浮萍,我们既不能随波逐流,又必须顺着水流向彼岸荡漾,这是一个奋力、拼搏、改变命运的过程,也是一个无法预知的过程。或许只是一个小小的浪花,就能把我们推向未知世界;或许只是一个小小的漩涡,就能把我们打翻。对此,我们只能坦然面对,用努力去改变那些可以改变的事情,用包容的胸怀接纳那些无法改变的事实。"命里有时终须有,命里无时莫强求",人生在世,只要尽心尽力,尽本分尽良心去做就是,至于做到什么程度,其实并不太重要。

　　我们常说,"有耕耘就有收获",这句话需要辩证地去看待。大旱、洪水、蝗灾……大自然随时都有可能让我们颗粒无收,但我们又不能因为有可能发生自然灾害就不播种,毕竟,还是丰收的年景多。

67. 人生无常，放下争斗

唐代大诗人白居易的《对酒》：

蜗牛角上争何事，石火光中寄此身。

随富随贫且随喜，不开口笑是痴人。

这首诗的意思是说：人活在这个世界上，就好像侷促在那小小的蜗牛触角上，空间是那样的狭窄，即使都争到，又有什么好争的呢？人生须臾短暂，就像火石撞击所发出的火光那样的短暂，有什么值得计较的呢？人生贫富无常，机关算尽到头来也是枉费心机，所以人应该明智点儿，放下争斗，笑口常开，别把时间都花在争名夺利上，这样才能尽享美好人生。

为什么要把生活比作小小的蜗牛触角呢？这源自于《庄子》中的一篇寓言：

战国时期，魏惠王因为齐威王违背了盟约，想发兵攻打齐国。身为国相的惠施为了劝导魏王息兵，请贤士戴晋人规劝魏王。见到魏王，戴晋人问道："大王您可知道蜗牛吗？"魏王说："当然知道。"戴晋人接着说："我就给大王讲一个蜗牛的故事吧：蜗牛长着两只触角。左面的角上有一个国家，称为触氏；右面的角上有一个国家，称为蛮氏。触氏和蛮氏为了争夺领地，动不动就交兵开战，伏尸数万……"戴晋人还没说完，魏王就不以为然地笑道："你讲的都是子虚乌有的事情。"戴晋人说："这并非虚

假之言,我们姑且来论证一下:以君王看来,四方上下有穷尽吗?"魏王说:"没有穷尽。"戴晋人又问:"人的心巡游过无穷无尽的宇宙之后,又返回到人世,可不可以说人世渺小到了似有似无?"魏王说:"对。"戴晋人又问:"人世既然都可以渺小到可有可无的地步,而魏国只是人世间一个很小的地方,国都又是魏国之中很小的一块地方,大王又是国都中很小的一个形体,那么,相对于无穷无尽的宇宙而言,跟蜗牛右角上蛮氏国的国王又有什么分别呢?"魏王说:"没有什么分别。"……最终,魏王体悟到了人世和国土的渺小,感受到了征战和扩疆的无聊——即使能够胜利,所得不过蜗牛一角之地,实在没有意义。

这个寓言对古人来说,有点玄之又玄,但现代人就比较容易理解:宇航员在外太空看我们的地球,也不过一个乒乓球大小。如果再远一点儿,根本就看不见了,还不如蜗牛角。但我们知道,这个"乒乓球"实际上大的很,很多旅游者都有一个梦想:游遍全球。实际上是没有人能游遍全球的,他们充其量只能去些比较大的城市和风景名胜。真要让一个人游遍世界,其最终的归宿只能是累死。那么,在宇宙中我们的地球有多大呢?其实,即使和太阳系中的木星相比,地球也显得太小了。木星的半径大约是地球的十倍。而太阳的半径,至少是地球的100倍,质量则达到了33万倍!而我们又知道,在茫茫宇宙中,太阳只是一颗非常普通的恒星,单是在银河系中,就有1000多亿颗恒星,有的恒星甚至达到太阳的1000万倍!据此类推,银河系之外呢?之外的之外呢?总之,我们可以得出一个结论,那就是我们人类太渺小了。遇到烦心之事,尤其是那些求之不得必欲争之而后快的事情,想想地球,想想木星,想想太阳,想想宇宙,一切就都豁然开朗了。

人生如白驹过隙,忽然而已。争得再多,也不能带走分毫。人一百多斤的躯体,也享用不了太多的东西。很多时候,人们争抢、不爽、大打出手,为的根本不是那点东西,而是看不透。

67. 人生无常，放下争斗

有这么一家子：家里兄弟三人，这些年由于占地分房问题起了纠纷，一开始，大家还能心平气和地协商，哪怕是做做样子，到后来，越来越话不投机，样子也懒得做了，不仅吵得天翻地覆，连称谓都从以前的"兄弟哥哥"变成了"那个人"。当时他们的老父亲还在，老人家每天拖着病重的身子，老大家说，老二家劝，但大家都争红了眼，不仅听不进金玉良言，还纷纷埋怨父亲偏心、处事不公等，老人家伤心透顶，最终含恨而终。

不争祖屋，他们三家都能活得下去，大家无非是争一口气，谁也不肯先让一步，弄得亲兄弟跟仇人似的，过年都没个团聚的人……

早知当日，何必当初？做人要有点儿气度，让人一步天地宽，自己也有了回旋余地。清朝康熙年间，安徽桐城出了个名叫张英的宰相，有一年，张家因为盖房子与邻居闹起了纠纷，两家都认为对方占了自己一墙之地，互不相让，张英的母亲便写了一封家书，让儿子出面干涉，压一压邻居的气焰。但张英看完信后却回信道："千里来书为一墙，让人三尺又何妨？万里长城今犹在，不见当年秦始皇。"张母看完信，立即主动让出了三尺空地。邻居深受感动，也将墙退回三尺，中间就形成了六尺的巷道，这就是六尺巷的由来，至今传为美谈。

事实上，很多人还忽略了这样一个事实，那就是正是因为气度大、眼光远、懂得让、不屑争，张英等人才能位居宰相，经国治民。那些整天在蜗牛角上打来斗去的人，不仅活得闹心，也有不了大出息。

68. 幸福来自节制和自律

柏拉图说:"自制是一种秩序,一种对快乐和欲望的控制。"在我们生活的世界上,诱惑人的东西实在太多,稍有不慎就会掉入欲望的陷阱,其实,就算是掉入陷阱也并不可怕,怕就怕有人在陷阱中仍然痴迷自己的欲望。

懂点医学知识的人都知道,罂粟果作为一种药物,具有缓解疼痛、镇咳、催眠等疗效。如在医生的指导下,使用得当,能有效治疗相关疾病。但如不加节制地滥用,则易成瘾,成为人们闻之色变的毒品,严重损害人的身心健康。同样,在生活中,如果你不对自己的某些行为进行节制,同样会造成很大的危害。就以饮食和运动来讲,人不吃饭不行,但如暴饮暴食,就会伤害肠胃,引发疾病。人们常说:"生命在于运动",但如果运动量过大,也会损害身体。可见,凡事都要有个"度",物极必反、过犹不及。先人们很早就认识到这一点,总结出很多富于人生哲理的谚语,如"美味不可多餐"、"得意不宜再往"、"爽口味多终作病,快心事过必为殃"等等,提醒着人们凡事都要适度,不要过分,不要走极端。

道理虽然简单,但做起来未必容易,很多人遇事不知节制,最终毁掉了自己的幸福。人本身就是一种"欲望动物",克制欲望并非是一件容易的事。对一般动物而言,只得到它所需要的那一部分就可以了;而人的欲

68. 幸福来自节制和自律

望则大大超过了自己所需的那一部分。这些的欲望除"饮食男女"等自然属性外，还有虚荣心、权欲、名利欲、占有欲等社会属性。其中，以物质占有欲造成的危害最大。人类由于物欲膨胀，导致了太多的不幸，大到国家兴亡，小到损害人际关系。具体到个人，就是为了追求物质上的享受，不惜采用杀人、抢劫、偷盗、诈骗等犯罪手段；有的人为了放纵情欲，就搞"包二奶"、嫖娼、一夜情，这些做法不仅害了自己，也连累了家人；有的人为满足自己"权力欲"的虚荣心，结党营私，买官卖官，最终成为了阶下囚；还有人笃信"人为财死，鸟为食亡"的信条，为达目的，不择手段，或背信弃义出卖朋友，或铤而走险滑向犯罪的深渊。

欲望是魔鬼，千百年来，不知道有多少人倒在了欲望的魔爪之下。我国古人很早就认识到了欲望对人生的伤害。道家认为"金玉满堂，莫之能守""知足不辱，知止不殆"，要求人们返璞归真、清心寡欲；儒家认为"克己复礼而归仁"，要求人们"惩忿窒欲"；佛家劝诫人们戒除贪婪、嗔怒、色欲。由此可见，放纵欲望是一件十分危险的事情，必须要加以节制。欲望固然是发展的动力，但是，任何事物发展到一定程度，必然会走向它的反面。在欲望面前，人必须有一种克制、节制、自律的精神。

从某种意义上讲，幸福其实也来自每个人的节制和自律。人必须理性地看待物质欲望，加强节制和自律，严防被物欲引入歧途。要在物质欲望得到合理满足的基础上，拥有更高层次、更高境界的追求——通过加强人格修养，完善道德，追求内在心灵的丰富和精神上的平静、和谐和满足。这样，我们每个人才能拥有真正持久的幸福。